U0158017

"身边的轻科学"系列

花园里的科学

[意] 雷纳托·布鲁尼（Renato Bruni）◎著

锐拓◎译

SPM
南方传媒

广东科技出版社
全国优秀出版社

· 广 州 ·

Le piante son brutte bestie. La scienza in giardino

©2017 Codice edizioni, Torino

The simplified Chinese translation rights arranged through Rightol Media

（本书中文简体版权经由锐拓传媒取得E-mail: copyright@rightol.com）

广东省版权局著作权合同登记号：

图字：19-2020-003

图书在版编目（CIP）数据

"身边的轻科学"系列. 花园里的科学 /（意）雷纳托·布鲁尼著；锐拓译. —广州：广东科技出版社，2022.6

ISBN 978-7-5359-7815-8

Ⅰ.①身…　Ⅱ.①雷…②锐…　Ⅲ.①自然科学—普及读物　Ⅳ.①N49

中国版本图书馆CIP数据核字（2022）第017175号

"身边的轻科学"系列：花园里的科学
"Shenbian de Qingkexue" Xilie：Huayuan Li de Kexue

出　版　人：严奉强
责任编辑：区燕宜　于　焦
封面设计：王玉美
责任校对：李云柯
责任印制：彭海波
出版发行：广东科技出版社
　　　　　（广州市环市东路水荫路 11 号　邮政编码：510075）
销售热线：020-37607413
http://www.gdstp.com.cn
E-mail：gdkjbw@nfcb.com.cn
经　　销：广东新华发行集团股份有限公司
排　　版：创溢文化
印　　刷：广州市彩源印刷有限公司
　　　　　（广州市黄埔区百合三路 8 号　邮政编码：510700）
规　　格：889mm×1 194mm　1/32　印张5.875　字数150千
版　　次：2022 年 6 月第 1 版
　　　　　2022 年 6 月第 1 次印刷
定　　价：39.80 元

如发现因印装质量问题影响阅读，请与广东科技出版社印制室
联系调换（电话：020-37607272）。

目　录

Contents

引言

你要是想帮忙，
就看看脚下，别东张西望

栗树林的深处，阳光从枝叶间漏下，洒在成堆的落叶上。我低头看了看脏兮兮的鞋子，上面沾满了泥土。我想找些菌菇，但没找到。妻子晃了晃手里的篮子，里面已经装得满满当当的了。她正在嘲笑我。不过，就是这一瞬间，"Eureka!（尤里卡，意思为有办法了）"本书写作的"胚根"冒了出来。

我研究植物将近20年，早就习惯了坐在实验室里观察植物，然而，在简化的人工环境中搞研究，并不能让我拥有火眼金睛，也不能帮我在灌木丛里找到几株牛肝菌。要知道，灌木丛里藏了很多的秘密。"你是理论专家，对实践一窍不通。"妻子拿着棍子，在腐殖质里翻来翻去，开玩笑地说："看看左脚旁边，那儿不就有株牛肝菌吗？"我简直想找个地缝钻进去，可我嘴硬，坚持说："菌菇不算植物。"实际上，我心里明白，无论"牛肝菌"，抑或关于"理论专家"的评价，妻子的话都有道理。她的话勾起了我的回忆。

爷爷有个大菜园，他按自己的想法开垦这片土地，用口耳相传的秘诀为作物施肥，依据古老的方法给植物浇水。有一天，我站在太阳下面，帮爷爷拔掉百日菊苗圃里讨人厌的杂草，他说："植物都是捣蛋鬼，想摸清楚它们的如意算盘，就得走近一点，弯腰低头，好好看一看。你要是想帮忙，就看看脚下，别东张西望。"

从那以后，四季更迭。直到爷爷没了力气，不能照料土地了，菜园便日渐荒废。我离家很远，没时间回来接过爷爷的"接力棒"。但身边处处有植物，我时刻铭记着爷爷的教诲，观察花样繁多的"捣蛋鬼"，离它们越来越近，就差钻进去了。我盯着脚边的枯枝败叶，想找几株菌菇，可它们和我玩起了捉迷藏。我突然意识到，我对植物的了解存在盲区，感知力也不够。举个例子：电梯里的背景音乐在你耳边飘过，你听见了，却没用心，也记不住歌词。电梯门关了，情况就截然不同了。因此，想要抓住模糊的感官背景，越是普通，就越需要用心。而我的盲区主要在"眼睛"，我终日对着显微镜，看到的都是镜片下的世界。

多年以前，为了研究植物，我在世界各地奔波。不同的经历让我渐渐明白，植物的魅力和迷人之处恰恰在于和我们相比，它们是如此与众不同。围着植物打转，是我的工作，也是兴趣。如果叫我谈一谈，我可以连着讲好几个小时。可一旦踏进植物的"家门"，我就不认识它们了。我和爷爷不同，两只手白白净净的，没有老茧。

我拿着放大镜看微观世界，爷爷则不同，他握着锄头和铲子，照料花园和菜园，根据自己的想法种植植物，但他属于"植物盲（plant blindness）"。爷爷种的玫瑰惹邻居嫉妒，种的辣椒比蔬果摊上的还大。他凭借经验，能在杂草丛生的地方或者树叶覆盖的区域找到百日菊，我们却不明白植物和人类相隔的距离并不遥远，和我们有千丝万缕的联系，弄不清楚为什么杂草比我们偏爱的植物更容易生存，为什么红辣椒和玫瑰如此地吸引人。当然，这也涉及别的话题了，比如使用静态观察法总会有不合适的地方，需要菜农或园丁来定期校对数据。

此外，还有许多人，包括我的妻子在内，忽略映入眼帘的其他物体，却能在树林中精准地找到某种植物。他们抱有功利心，专门学过如何分辨植物，比如栗木、圣栎、榛果、接骨木、兰花和风铃草等。那些没有开花、不能食用或者在丈夫无聊的学术报告里根本没提到过的植物，对他们来说就只能算地铁站里的陌生人，通通都是看不见的生物，连形状也无法进入视觉系统，传到大脑。他们的眼睛像一台"X线机"，扫描整个树林，只显现最实用的部分。他们可以骄傲地摘到牛肝菌，收获战果；可以摘到天竺葵，带回家放在阳台上观赏；还可以摘到迷迭香，拿回家用作烧烤的调味品。于是，新版本的"植物盲"诞生了，我们称之为"选择性失明"。植物和动物不同，在我们眼里，动物很好区别，植物却较难分辨。老实说，这种现象应该属于精神学的范畴，而不是生物学。要知道，生物课本上只有15%的内容在讲植物，这有什么用呢？对于那些配备了"X线机"扫描世界，把不需要的植物通通"过滤"的人，"vegetare"这个词仅仅代表了某种不值得体验的生活，某种属于人类的最悲哀的生活，和"非人的生活"意思差不多。相反，像我这种手无老茧，有眼不识"牛肝菌"的人，我们觉得，"vegetare"这个词不仅意味着可以轻描淡写地讲一句："开垦你的小菜园吧。"它还可以帮助我们开启一个更加错综复杂的世界，创造更多的价值。可以说这个词为我们打开了植物科学世界的大门，让我们走近"小家伙"。那些"捣蛋鬼"也许就藏在阳台花盆的托盘里，或者菜园的泥巴里。

我看了看柳条编成的篮子，里面什么也没有，真令人难过。空气潮湿，天气闷热，我感觉有些喘不过气。我、妻子和爷爷，我们3个人失去了很多东西。我们原本可以在菜园、花园、公园和实验室里拥有更加丰富的体验，甚至有可能拥有更多的人生选择。老实说，日常生活的种种琐事不同程度地激发了我们的"缺失感"。单从城市的角度出发，或者上升到星球层面也好，我们3个人都以各自不同的方式，忽略了植物的生长。我们不习惯和形态不同的"异类"打交道，我们给生命划分了等级。当然，这套等级划分和军事组织图比起来，肯定有很大不同。有机生命被划分成多个单位，彼此之间相互依存，形成了巨大的网状结构。在这套等级划分系统中，植物是所谓的进化程度较低的物种，应该为进化程度较高的物种（如人类）奉献自己的全部。很多时候，我们都是这么认为的，唯一的不同就在于每个人有各自的偏见。我们看得见的、心里接受的、提供无微不至关怀的，都是那些和人类有相似之处的，或者符合我们世界观的生命体。想到这儿，我看见妻子正用怜爱的目光盯着我，她有些疑惑。我认为，抱有这种成见，会让我们养成居高临下的习惯，让我们在人工环境里（如花园）做出不理智的，甚至十分不妥当的事情。况且，有很多研究已经证明，这种成见是错误的，对环境保护和我们的钱包都没什么好处。日常生活中，我们身边处处有植物，它们在生长。可是，在成见的推动下，植物的生长现象竟然变得神秘了。有时，读上几十篇观赏性和非观赏性植物的研究文章，都让我们觉得有趣。

以我们3个人为例，得了"选择性失明"，意味着拥有了不同的生活体验。我觉得，花园是家的延伸，开花、结果、修剪枝叶，都能体现自己的生活节奏、美学态度和文化需求。在花园里，我们不是生活的分享者，而是生活的主人。在花盆和花坛之间，我们往往会不自觉地留下自己的印记，这些印记由于生态环境的限制，在别的地方是不被允许的。我们可以在花园里做自己想做的事，不用考虑所谓的"产量""收入"和"再生产"。然而，碍于各种条件，像我这样身处高度城市化环境中的居民，已经失去了和森林直接接触的机会，失去了拿铲子劳动的快乐。我们已经忘了，花园和菜园不仅仅是连接人类和环境的绝佳平台、锻炼脑筋的"健脑房"，还是伟大的桥梁，能把理论和实际、城市和原生态、科学和感性、小地方和地球村、理性和本能、生态学和社会、美学和实用学、完美主义和残缺主义，通通联系起来。

我们不能把造成植物学"选择性失明"的罪因，完全归咎于现代文明和学富五车的老学究，以及爷爷那样单纯的劳作者和我妻子那样的实用派。我们周围的环境越来越城市化，"选择性失明"找到了成长的沃土，并且还在不断进化。大脑会根据信息的重要性进行筛选。这项技能我们从直立行走开始就已经掌握了。因此，我们观察到的物体，实际上是信息超载以后经过筛选得到的结果。在所有的视野区域中，位于水平视角10°～15°的物体最能吸引我们。然而，我们身边的植物总长在很低的位置，当它们出现在视野里时，已经被自动固定在视觉底层了。我们总觉得，植物离我们很遥远，因此，我们会把更多的注意力集中在别的地方。这样说来，我很赞同爷爷说的话，要好好观察植物，就得低下头。仔细想一想，这句话还很有哲学的意味。

　　研究表明，人眼捕捉的视觉信息已经远远超过了大脑的处理范围。有志愿者参加了视觉测试（既有长期的，也有短期的），科学家要求他们观察动物和植物，并记住看到的生命体的样子。最后，科学家得出结论，人类会优先记住动物的样子。参加实验的志愿者虽然文化背景不同、科学认知不同，但他们都能清楚地记住动物的样貌，很长时间也不会忘记。在另一组实验中，有生物专业的学生和精神学专业的学生参加，得到的结果也差不多。因此，衍生了许多不同的猜测。有科学家表示，我们的视觉系统每秒捕捉1 000万bit的信息，大脑能够接受的只有40 bit，其中，只有16 bit能够进行有效的处理，而这部分信息往往和运动有关。可怜的植物被划分在其余24 bit的信息里了，属于无法被处理的部分。经过漫长的进化，我们只有看见运动的物体，或者某几种颜色（如红色）时，大脑才会被激活。插句题外话，我们的祖先能够分辨运动的物体和鲜艳的颜色，这意味着，他们发现了饥饿和饱腹、生和死的差别。我站在树林里，往四周看了看，低下头盯着脚下，无论绿色的植物还是其他单色的植物，静止的也好，色泽暗淡的也罢，都只能算"背景音乐"。大脑要节约能量，所以把这些信息通通筛掉了。我的脑袋没有接受过特殊训练，还总爱开小差，可能正因为如此，我才没办法在干巴巴的落叶堆里找到牛肝菌。仔细想一想，我们刻意去找某个物品的时候，或者听了别人的解释以后，就能在现实生活中真切地体会到这种感觉。在树林里，妻子总能找到牛肝菌，我却找不到；在百日菊的花圃里，爷爷总能拔对杂草，我却不行。或许，原因就是我刚才说的那些吧。

　　我低着头，用左脚拨了一下泥土，还是找不到那株可恶的牛肝菌。继续开小差吧，我想，寄生植物到底是怎么活下来的？关于这个问题，我好像在一本泛黄的旧书里看到过。当然了，寄生植物被印在纸上，要好辨认得多。它没有叶绿素，整个机体是怎么运作的呢？藏在栗树的落叶堆下面，为什么就不能是漂亮的草坪呢？好吧，我完全可以给爷爷讲清楚，"手上沾满泥土"和"得到好心情"究竟有什么关联，为什么他喜欢的植物近几年长得都不太好。除此之外，我还可以头头是道地给妻子解释，为什么山坡上的牛肝菌持续减少。老实说，我可以把这几件事全扯到全球气候变暖头上，运用其他学科的知识（如医学），再加上几条旧的科学理论，搞一套新的理论、新的园艺学出来。哪知道现在酷暑难耐，我有点头晕了。干巴巴的叶子像马赛克，弄得我眼花缭乱。我只好抬头看一看别的地方，休息一下眼睛。空气静止了，有一只小虫子小心翼翼地在空中飞舞，嗡嗡地叫着，撒下几圈化学物质，在空中划出轨迹。我想，这种化学物质应该是开花植物特有的，那么，这只虫子在片刻之前，究竟出于什么原因，才选择了那朵花，而不是其他的花呢？谁知道呢。我看见一株欧洲铁木，身上长满了爬山虎。老实说，关于爬山虎的生长模式，我也有一定了解，它们的根完全镶在树皮里了，无法分割。我站在栗树林的深处，用超现实主义的方法，创造性地观察着植物：水在树干里如何运输；植物如何分辨毛毛虫的声音，判断自己有没有被虫咬；凭借细胞运动，风铃草如何控制紫色花冠的开合；根部、叶片、树干上的微生物，如何与植物展开合作……在我眼里，每根树桩和茎干都长出了带图的小卡片，清清楚楚地解释了上面我提到的所有问题。转念一想，有些植物可以在生理层面上，完全改变自己的性状。我还可以给妻子讲一讲，为什么她的短脚猎犬能够轻松地找到野生的葡萄藤，像起夜的时候找厕所一样。虽然我没有找到牛肝菌，但我凭借丰富的经验，可以在百日菊的苗圃里，找到自认为是杂草的杂草。好吧，也就只有这些东西，我知道一箩筐。

有一只狍子站在灌木丛里，蹬了蹬腿。我突然想起来了，"植物盲"还有别的意思，说的是"自然缺失症"，通常指儿童和成年人拥有完全城市化的生活以后，和大自然完全割裂，缺乏直接接触的现象。我们不了解生活在屋檐下、阳台花盆里、小区花园中的有机体，却了解《塞伦盖蒂大草原》（ *The Great Serengeti* ）节目中的"电视机狮子"和纪录片里的雨林。可是，这些都是虚拟影像，和现实总会有不小的差别。我们的子女已经对植物天生不感冒了，在七八岁以前，他们觉得植物和石头一样，都是没有生命的物体。当然，我们的孩子在这方面拥有的感知力是强是弱，和他们见过的静态物体数量、接触的自然环境次数、听到相关知识的频率有着密切关联。近几十年，科学技术不断发展，学科划分也出现了变化，与植物相关的科研工作脱离了自然环境，科学家不得不"钻进"植物的身体里，进入更加复杂的世界观察植物。最后，科研结果超出了大家的关注范围。老实说，大家更关心玫瑰、辣椒、百日菊和牛肝菌。"植物盲"没能像预期那样治好，反而越来越多了，大家渐渐对植物的独特性提不起兴趣了。毕竟，人脑只能处理16 bit的视觉信息，脱离了生活实践、不能拿出来闲谈的研究结果，自然是没几个人喜欢的。

我妻子觉得，牛肝菌是非常容易辨认的，可我做不到，这可能是我长期从事科研的结果吧。我们站在栗树林里，妻子开心得不得了，她的篮子装得满满的，我的却空空如也。本来应该高喊"Eureka！"但我有些难过。老实说，我们应该把搞科研的热情带出实验室，走进花园、菜园、公园。那里没有三尺讲台，我们可以从紧张的生活中抽身，放松心情，感受大自然留下的东西。城市生活让我们失去了很多，许多人开始渴望重返自然。到公园里走一走，可以帮助我们从不同的角度看待问题；到林子里漫步，想一想我们已经发现的、甚至学过的，那些关于大自然里的原居民的一切，我们可以获得良多启发。

评论家瓦尔特·本雅明（Walter Benjamin）说，波德莱尔（Baudelaire）笔下的"浪荡子（flaneur）"是"路边的植物学家，城市结构的分析师"，他迷茫地游走在现代都市之间，懒散而冷峻地观察身边的事物。好吧，借助植物学家的形象，展现了尚在构建的科技社会和人类世界的联系，倒也挺有趣的。换个角度想一想，被妻子嘲笑的我，还真像个罹患"植物学技术性失明"的科学浪荡子。我要回家，却拖着装满理论知识的行李箱，在森林里迷茫地游走。

鞋子沾满泥土，脏兮兮的。篮子里空空荡荡，什么也没有。我有点儿尴尬。实验室引发的"植物盲"得治一治了，以后我要多到爷爷的大菜园里去走一走。我想借此机会，好好地解释一下，在我们眼里属于其他生命体的植物，究竟是怎样的"捣蛋鬼"，顺便我还想拯救一下像我这样的理论家、像爷爷那样的实践家、像妻子那样的实用主义者。想到这里，我看见妻子摘掉我左脚边的牛肝菌，偷偷地放到我的篮子里了，这样可以让我不用空手而归。

第一章

春 天

拉开"花店"的卷帘门

要想了解花园，最好的办法就是抛开工作，放飞思绪，沿着花坛漫步，伸个懒腰，用耳朵接收树枝的噪声，叫鼻子探测空气，把目光懒洋洋地落在红红绿绿的花丛上。当然，得尽量多看看才行。通常情况下，我们看见某个物体时，最先注意到的是物体的局部，大脑只有一部分会被激活。比如当我看见面前这株鲜艳亮丽的黄色百合时，我最先注意到的是它半合的花冠。它正处于开花期，但我看不清它的"动作"，在我眼里，它就是静止不动的。要是把时间往后推一推，再过几个小时，我们就能看见完全张开的花冠了。百合的花冠共有6片花瓣，张开以后像漂亮的小太阳。不过，花冠张开的过程非常缓慢，我们无法用肉眼直接观察。融入慢速世界，可能是花园里能体会的第一层快乐。这个世界有自己的系统，当我们在草地上奔跑的时候，时间也从身边溜走，植物的钟表不停地转动，我们却没有任何察觉。

趁着我站在旁边，百合向我宣告：虽然人类看不见，但植物都在悄悄地运动、生长，片刻也不停息（当我们汗流浃背除草的时候，就深有体会了），植物会改变形态和色彩（只用一天的工夫，我们就再也找不到相同的花了），对环境变化做出反应（忘记浇水的时候，就明白了），挪动叶子，卷起茎须，张开花冠，调整自己的姿势。老实说，植物完成了这样、那样的运动，我们却察觉不了，只是觉得，它们总是一动不动。我眼前的百合，在过去的几天里，已经长高了1 mm。钟表的分针再转4圈，它原本闭合的长漏斗状橘色花蕾，就会悄无声息地开放了。

植物的生长速度和人类不同，我们要全身心投入或使用提高感知力的仪器，才能观察它们。我很清楚，即便站在这儿死死地盯着这株百合，也没办法搞清楚它的生长过程。不过，我们可以拿摄像机把这个过程录下来，用倍速播放的办法观看。如果用同样的方式观察其他花朵的生长过程，我们就能发现，每株植物都有自己的开花模式，它们编排了不同的舞蹈，这简直叫莫斯科大彼得罗夫大剧院那些人眼红不已。我们得好好地揉一揉自己的眼睛，参考植物的生长速度，按下快进按钮，"调节"好时间，只有这样，我们才能捕捉到最细微的运动画面，观察植物的舞蹈。

　　"花"是我们走进花园，让双手沾满泥土的理由。在花园里，我们可以满足自己的虚荣心，或者简单一点，单纯地享受果实的美味。当然，这并不意味着植物的花朵和果实生来就是吸引或哺育人类的。如果植物和人类之间存在某种天然的联系，那么，拥有独特调色板和香气的植物，它们在不同季节盛开的花朵，正对应着人类特定的历史文化。要知道，把各种元素综合起来，园丁就能向大家展现植物欣欣向荣的盛况，创造美景。撇开近视、老视等症状，以及智力、文化、情感差异不谈，只要走进花园，我们就觉得是享受，甚至有所感悟。我们现在讨论的，虽然是无法直接观察到的世界，但这个世界有无数让我们惊讶的地方。我喜欢把植物开花和物理动力学联系起来，因为二者都是不可用肉眼观察到的。植物有不同的舞蹈，这样的特质还保证了多样性的拓展。通常情况下，"感性"和"理性"相对，可以让人用完全相反的视角观察世界。据说，阐释"理性"的同时，会扼杀"感性"特有的魅力。我聚精会神地观察百合的绽放，忘记了周围的一切。老实说，我没有采用科学的方法评价百合的生长能力，我总带着主观色彩称赞它。但愿上面那些话，能表达我的拙见吧。

◉ 各有各的生物钟

花朵颜色各异，每一朵都有自己的任务要完成，它们得选择正确的时间，接受传粉媒介的帮助。花朵是临时商店（temporary shop），各开各的卷帘门，根本不遵守工会制订的时间表。有的开门以后，就再也不关了，方便老顾客（传粉媒介）随时光顾；有的偏要按自己的时间，定期开门；有的大清早开门，到晚上才下班；有的直接上夜班；有的甚至天天上夜班；也有的干脆只开门几个小时。各家临时商店都会在"玻璃橱窗"摆好精美的商品，等待挑剔的老顾客上门。虽然条件苛刻，但也恰到好处地满足了植物的传粉需求。相反，"生意"不划算的时候，意味着时机不成熟，各家要看好自己的宝贝。因此，除了卷帘门和玻璃橱窗，临时商店还必须配备控制开关的马达，和调节机器运作的传感器。

有了这几样东西，植物才能按照自己的作息时间表上班。百合展开花冠需要4 h；寿星花需要5 h；勤劳的月见草只需要20 min，就可以把黄色花瓣完全展开；至于爬山虎，它们的花瓣小巧灵活，用不着10 min，就可以完全展开。观察这几种植物的生长过程，犯不着动用显微镜，肉眼就可以观察得清清楚楚。然而，同样的办法并不总能奏效，花园里还有别的"太太"，它们慢条斯理，不慌不忙。比如玫瑰打开花苞，从头到尾需要7天时间。当然，正是因为如此，我们才能长时间欣赏玫瑰的美丽。现在是清晨时分，我面前的百合已经开花了。周围还有别的植物，有些在太阳升起前就展开了花瓣，有些却关上了"店门"。木槿花的营业时间是4:00—8:00，晚上休息；萱草（*Hemerocallis fulva*）的开花时间和木槿花一样，它们在黄昏时分闭合花冠，到第二天清晨才重新绽放；捕虫草要连续上5天夜班。黄花菜（*Hemerocallis citrina*）刚好相反，只在黄昏以后开放，到了清晨，我们只能看见它们闭合的花冠。有一种植物比较少见，叫苣荬菜（*Sonchus arvensis*），总给人留下贪睡的印象，因为它们要等到快中午才会开花。苣荬菜开花的时候，草地婆罗门参（*Tragopogon pratensis*）已经下班很久了，因为它们的"商店"营业时间是早上7:00—10:00。每株植物都会根据自己的传粉需求，发展出一套特定的传感系统，帮助自己辨别开花因子的状态。如果气温和光线不合适，有的多肉植物可以保持好几个月的闭合状态。开花是有条件的，植物的种类不同，条件也不同，有的植物对气温、光照、在黑暗中停留时长的要求很高，有的植物对湿度的要求很高。总而言之，满足了各项条件，植物才能在一年的时间里，找到最适合的季节，最适合的日子，甚至最精确的时刻，开放（或闭合）花冠。因为有的客人对橱窗里的商品兴趣浓厚，所以要等它们来了，才算时机到了。

激活开花因子的条件十分苛刻，这一点对植物来说，起到了至关重要的作用，因为这种"挑三拣四"可以帮助它们避开很多危险。否则，一旦遇上特别潮湿的天气，或者某个特别温暖的冬天，它们很容易就会上当受骗。

◉ 有趣的花瓣

每种机械装置都有属于自己的齿轮，花朵的齿轮是花瓣、花被片、脉序和细胞。花冠上，有一部分结构十分脆弱，容易形变。形状不规则的细胞、排列无序的空隙，以及单根或多根叶脉，都被两层结实的表皮夹在中间。这种结构虽然很简单，可比起叶片的结构，就显得混乱了不少。细胞壁和坚实的围墙不同，天生富有弹性，是一个平行六面体，能不停地膨胀，膨胀以后，鼓得圆圆的，像皮球一样，但是不会爆炸。内部物质流失以后，"皮球"能毫发无损地恢复到原来的样子，变得方方正正。虽然细胞壁不是自主活动的细胞结构，但也要多亏它富有弹性的特质，闭合的花冠才能开放。特别需要指出来的是，无论单向开花植物（开花完成自己该做的事，然后凋谢），还是双向开花植物（定期开花），在开花的时候，都会改变花瓣的表面曲率。

就拿百合来说，整株植物也好，随便摘来的花朵也罢，只需要4 h，就可以完全开放。开花的过程总共分为两个阶段：在第一个阶段里，百合的动作十分缓慢，在太阳升起以前的3 h里，花苞尖端会慢慢地张开；到了第二个阶段，百合的动作就快了很多，太阳升起以后，只需要一个多小时，花冠就能完全张开。最后，花瓣的边缘出现几圈褶皱，花瓣呈马鞍状，样子和薯片差不多。如果我们想弄明白其中的缘由，不妨看一看保姆阿姨手里的毛线团。如果问她："怎么用编织针或钩针给衣服折边？"阿姨肯定会说："要么加针，要么减针。"织围巾时，我们总需要从中间往两边不断地加针，让围巾卷成马鞍状。只有这样，围巾中心到边缘的表面积才能最大化。如果继续加针，原本简单的马鞍结构会进一步发生变化，在边缘两侧长出褶皱。百合的花冠恰好和保姆阿姨手里的围巾相似，都存在上述两种现象。花瓣边缘比花瓣中心区域长得更快，因此，花瓣的表面逐渐出现生长速度差，花瓣边缘进一步向外弯曲，形成更多的褶皱。在生长的过程中，花瓣上出现所谓的"冲突带"，慢慢地，花瓣的长、宽、高都发生了变化。那么，我们是不是可以肯定地说，植物的开花机制就是这样的？有的研究者十分感兴趣，他们用摄像机录下了整个开花过程，拿着遥控器，按住快进键，仔仔细细地观察了一遍。有的科学家甚至选出了一部分花冠，给它们动了"手术"。科学家细心地为闭合的花瓣去掉了脉序，他们发现，这些植物仍然可以展开花瓣；不过，把花瓣的边缘剪掉以后，花冠就不会朝马鞍状生长了，花苞也停在了闭合的状态。研究者用图纸和塑料模型，花了大量的功夫，才模拟出整个过程，可他们殊不知，编织针、钩针和线团相互配合，已经圆满地完成了实验。

就算最懒惰的园丁也明白，很多植物开花的时候，都不遵循我讲的这套模式。实际上，植物的开花方式是千奇百怪的。比如郁金香开花时，横向厚度出现生长差异，内层叶片比外层叶片长得更快，直到"马鞍"成形，才打开花冠。旋花属植物很勤劳，它们的花瓣原本焊得死死的，可每天清早都会打开，变成有花边的白裙，直到下午的时候才会闭合。诸如此类植物，整个开花过程只有中心叶脉细胞参与了"工作"，中心叶脉像伞骨一样，拉扯叶片剩余的部分，一边旋转，一边展开花瓣。其中，起到决定性作用的不是细胞增殖数量，而是细胞的延展程度。如果还用围巾来打比喻，那就不合适了，毕竟围巾表面积的增长，并不取决于针线的延展程度，而是取决于数量的累积。细胞含水量不同，花瓣边缘比花冠的其他部位更具延展性，能够产生相应的弹性形变。花冠开放时，细胞的含水量增加；花瓣闭合时，含水量则减少。

开花过程分为两个阶段，两个阶段中植物的运动速度各不相同。然而，仅凭刚才讲的，我们并不能解释，为什么日出前的开花速度特别缓慢，不能用肉眼捕捉整个开花过程；随着太阳升起，阳光射向大地，为什么开花速度会变快，能用肉眼直接观察。那么，肯定存在另外一种机制，可以在两个阶段分别给植物提供能量，控制植物差速生长。如果用慢镜头观察整个过程，我们就会发现，这一切都与能量积累有关。花瓣在卷曲的过程中，会受到自身物理条件的限制。比如百合的绿色花苞有内外两层，由6片相似但不完全相同的花瓣组成，外层3片花瓣轻轻地裹住内层3片花瓣，每片花瓣最后都能变成马鞍状，长出褶皱。外层花瓣的边缘上，褶皱会出现交错重叠的部分，产生微小的阻力，能够阻碍花冠开放，直到内层花瓣弯曲，向外施加的力超过了一定程度，花冠就会开放。正因为如此，百合花才能在生长四五天以后，花瓣慢慢地弯曲，直到日出前的3 h里，轻松加快开花速度。张力增大，褶皱无法联结成片，安全装置就会"跳闸"——只要短短的90 min，花冠就能从半闭合状态完全展开。百合的花瓣上有漂亮的褶皱，但不是为了取悦我们才长的，而是为了形成能量屏障。直到时机恰当，屏障被打破以后，原本存起来的能量就会全部转换为动能，帮助植物开花。

⊙ 水的"肌肉"

把水龙头开大，本来在草坪上躺得好端端的水管，突然像蛇一样，发疯似的扭来扭去，把水喷得到处都是，这种情况很多人都遇到过。原来，只要在弹性系统范围以内，水流可以引起压力变化。水管的弹性越差、水流越小、流速越慢，我们就越不容易观察到上述现象；反之，水管弹性越强、水压越大、流速越快，水管扭动的幅度就越大。通过类似的偶然事件，我们可以清楚地了解到，植物究竟在背地里搞什么把戏。花瓣、脉序、枝叶和攀缘植物的卷须看起来和水管天差地别，可它们的细胞承压能力极强，完全具备引发上述现象的能力。我们想象一下，有无数个这样的细胞排成列，一个挨着一个，相邻的细胞可以交换水分。内聚力发挥作用，将细胞串联起来，形成条状丝带，同时，这根丝带拥有足够的弹性，可以根据内部压力，改变自己的形状。讲到这里，我们已经可以在脑海中构建分段式水管的模型了。不过千万别忘了，它是植物最主要的"马达"之一。

我们把上述现象称为"膨压现象"：水分子从一个细胞转移到另外一个细胞，失去水分的细胞就变得"松软"，像泄气的皮球，而相邻的细胞得到水分，肿胀得像充气的轮胎。由于渗透作用，水分总是通过半透膜，从浓度更低的溶液往浓度更高的溶液流动。半透膜能够分隔两种浓度不同的溶液，限制物质的进出。盐类、某些氨基酸、结构简单的糖类（如果糖）、葡萄糖和甘露醇等，是植物体内含量较高的物质，它们能够通过半透膜，在"交换游戏"中最为活跃。当然，多亏了相邻细胞之间溶液浓度的转换，水分子才能转移，花瓣才能"运动"。比如百合花花瓣边缘和花瓣中心位置的细胞之间，就存在溶液浓度转换现象。老实说，多亏了细胞具有弹性，细胞内部富含各类物质，我们才能欣赏到迷人的"芭蕾舞"表演。表演中，碳水化合物扮演了重要的角色，它在细胞内的浓度会随着植物生长阶段的变化而变化。细胞内碳水化合物浓度，随花冠展开时升高，花冠闭合时降低。按照这个规律，我们可以从细胞内的微观世界，推断花园或盆栽里宏观世界的变化。在花瓣的细胞里，能够吸引水分子的糖类物质可以由植物体内的淀粉或多糖（如花瓣幼嫩部位含量最高的果聚糖）转化得来。此外，花瓣还可以从根部或周围的叶片中提取糖类物质。

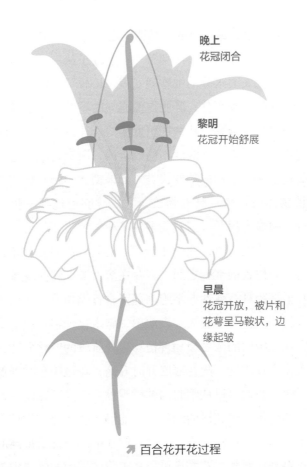

晚上
花冠闭合

黎明
花冠开始舒展

早晨
花冠开放，被片和
花萼呈马鞍状，边
缘起皱

↗ 百合花开花过程

　　不同的植物（即便经过裁剪）会采用不同的办法。玫瑰、小苍兰和菖蒲的花苞里，淀粉含量极少，这些植物体内的糖类物质，几乎都是从根部由茎干输送到花冠的。正因为如此，花冠开放时，速度才十分缓慢。经过裁剪，花朵失去了完成渗透作用的原材料，除非在花盆里加上盐水和糖类物质，否则植物没办法开花。通常情况下，只有行家才尝试把这类植物裁剪后移植到花盆里。其他植物，如雏菊、向日葵、非洲菊、洋蓟、百合，以及玉兰，能在单片花瓣的尖端或根部储存果聚糖和淀粉，即便经过裁剪，也能开花。除此之外，还有些植物，比如菊花，不需要从根部吸取水分和糖类物质，只要从花序周围的叶片或某些绿色部位吸取养分，就能开花。这种适应环境的能力，可以保证植物在缺水的情况下也能开花。

◉ 花朵的时区

　　早晨已经过半，我的百合花开得正盛，但问题来了：展开花冠的最佳时机，植物是怎么知道的呢？在这个方面，就轮到光敏色素来做主角了。光敏色素是一种生物化学开关，具有两种不同的类型，根据光照情况，可以促进或抑制植物体内的各项反应。如果植物暴露在波长为660 nm的红光中，其中一种类型的光敏色素会改变结构，只吸收波长730 nm的远红光（反之亦然）。这种生物化学开关与光照距离和角度存在极其密切的关联，换句话说，季节和纬度的变化都会影响光敏色素的结构。正因为如此，马铃薯块茎的生长、栗树的冬眠、种子的萌芽、花冠的开放，甚至脱离营养期进入生殖期等，各种植物的生命活动才与时间、地理位置休戚相关。

　　受光敏色素的影响，有些植物没几分钟就会出现生长变化。比如天仙子只需要20～30 min的暗期，就可以开始或停止生长。越往两极地区靠拢，这种现象就越明显。如果把原本的生长地理位置往北偏300～400 km，某些植物的花期可能会完全改变。根据植物对日照时长的需求，我们可以把植物分为短日照植物（菊花、大丽花、紫罗兰）和长日照植物（马铃薯、菠菜），在植物生长的过程中，暗期长短起着决定性的作用，因此，夜晚时长比光照更为重要。既然提到了暗期，不妨讲讲那些大清早就开花的植物，比如我们的黄色百合。它什么时候开花，是由日出前的暗期长短决定的。通常来说，暗期长短会随季节交替出现阶段性变化，而植物的开花活动与光照期和暗期的交替变化存在关联。如果在深夜把百合放在日光灯下曝晒，中午为其实现暗处理，那么百合的开花时间就不是早晨了，而是16:00—20:00。正如前文所说，延长暗期达到一定程度，植物就可以提前开花，控制植物开花的因素应该是暗期长短，而非日照时长。

光敏色素像个开关，光照不足时会自动关闭，我们在菜园和花园里，常常不自觉地用到了植物的这个特性。比如那些可以拿来做沙拉的蔬菜，需要在暗期长短不利于开花时播种；相反，植物花期不在最佳时节，就需要人工提供光照，如此一来，花匠才能让圣诞星在10月开放供大家观赏。不过，为植物调整时差也是把双刃剑，如果我们买到了温室催开的鲜花，拿回家以后，就不要指望植物能如期开放，因为植物的感官已经不适应正常的昼夜交替了。

植物能够选择恰当的时间开花，光敏色素起到了最基本的作用，要想完全拉开卷帘门，还需要适宜的光照强度、光照时长、大气温度和大气湿度。很少有植物仅凭单个条件，就能控制整个开花过程，只是有时候，其中一种因素可能对特定的植物影响更加显著。以郁金香、藏红花和银莲花属植物为例，花冠内外侧的最佳拉伸温度为10℃，因此温度可以直接控制这类植物开花。通常来讲，寒冷季节开花的植物更容易受温度影响，只要温度适宜，传粉昆虫就能授粉，所以只要气温出现了微妙的变化，哪怕天还没亮，这类植物也能打开或闭合花冠。天气越暖和，控制卷帘门开合所需要的温度差就越大，比如毛茛属植物需要的温度差为5～10℃。

马齿苋属植物是典型的夏季植物，有光照时，气温上升20℃就能开花；反之，有光照却没有气温变化，就无法开花。还有些植物，只要大气湿度上升，有一定光照，就能拉开卷帘门，甚至在傍晚或半夜开花。此外，周期性开花植物的生长运动与昼夜节律也存在密切关联。在昼夜节律的影响下，这类植物能够选择恰当的时间，完成开花这项艰巨的任务。植物与人类不同，人类属于哺乳动物，各种生长活动由一个系统集中控制，而植物的控制系统被细分到了局部，各部位由局部自主管控。也就是说，每个苞芽、树枝、器官和花朵都能独立感知环境状况，自主做出反应，精确地适应环境变化。因此，即便同属某个主体，暴露在阳光下的树枝，也比那些留在阴影里的树枝更早地拉开卷帘门。话说回来，园丁在经营花园的过程中特别重视刚才我们说到的现象，因为一旦某个因素发生了变化，整个植物的生长活动都会跟着变化。每株植物都有一套复杂的系统，我们寻找的答案注定不会简单明了，肯定会繁杂无比。植物能在"成本消耗"和"市场收益"之间，找到完美的平衡点。有些植物表面上常年保持开花状态，可它们拥有不为人知的生长节奏。矮牵牛只要展开花瓣，就不会再闭合了，它会用饱含诗意的方式，在夜间选择性地打开"水龙头"，散发香气，吸引蝴蝶前来授粉。

　　说到了植物的诗意和无意识的机械运动，那我们要明白，最早想搞清楚植物生长规律的人，不是工程师，而是文学家。第一次到爷爷的花园里转悠，盛开的百合就吸引了我的注意。可它是如何开花的呢？关于这一点，沃尔夫冈·歌德（Wolfgang Goethe）凭借敏锐的直觉，已经注意到了其中的奥秘，并在作品中描绘过了。我想，也许多年前的某个春天，歌德正在公园里漫步，他灵机一动，悟出了其中的奥妙。

卷须的"车轮"

每天下午总有个时间段,小孩子不能制造任何噪声。大人要么在休息,要么在做无聊的工作,绝对不允许小孩子在家里吵吵闹闹。饭后,家里的百叶窗半开着,球赛的声音还没有从电视机里传出来,空气凝固了,一切都陷入沉寂。小时候为了打发这段时间,我会读几本冒险小说,或者在爷爷的花园里晃悠,观察应季的植物,拿一把剪刀把花花草草剪得奇形怪状,再自己编些小故事。黄瓜和西香莲的卷须,原本是直的,但会卷起来,像丝带或弹簧。这些卷须能钩住可怜的"受害者",和海盗的铁钩没什么两样。不知道大家有没有仔细观察过,攀缘植物的卷须并不是生来就呈螺旋状的,它们富有探索精神,起先笔直地生长,只要钩住了目标,就会卷起来;即便运气不好,没有遇到支撑点,也会在很短的时间内,变成小小的车轮,悬在半空中。

然而,整套动作都骗过了我们的眼睛,植物有自己的时间刻度,我们无法用肉眼直接观察上述生长过程。要展现孩童午后的幻想,走近植物一探究竟,就得用到"延时摄影"。智能手机有许多应用软件,都可以拍摄延时镜头。只需一部智能手机,任何人都可以观察植物的慢速世界。在花园里泡几个下午,想搞清楚攀缘植物究竟是怎么生长的,只要运用延时摄影,小朋友也能成为研究员。举个简单的例子,啤酒花的新芽和西番莲的卷须,像牛仔手中的套索在空中缓缓地旋转,直到套住支撑点才肯罢休。当然,没有细胞之间的完美配合,植物也没办法完成这样的生长活动。各个细胞沿着螺旋线,干瘪、肿胀,帮助卷须呈螺旋状伸展,在空中画圆圈。

要想尽可能地套住支撑点，植物的抓钩必须不停地往外伸展。按下快进按钮，观察植物的抓钩，我们发现卷须都在做圆周运动。卷须越长，圆的半径也就越大。抓钩只要碰到了物体，就开始绕着支撑点卷曲缠绕，牢牢地把物体绑住（像海盗袭击敌船那样）。抓钩外茎干的其他部分，仍旧笔直生长，绷得紧紧的。钩住了物体，茎干和支撑点分列两头，保持固定，卷须则沿纵向弯曲，几个小时以后，就能形成两个方向相反的螺旋（顺时针和逆时针）。两个螺旋联结得十分紧密，交界处发生倾斜，既无法向某个方向旋转，也无法向另外的方向伸展，形状活像一座小桥。同样地，如果把橡皮筋的一头固定，从另一头开始旋转，就能得到简易的弹簧，如果把两头都固定，从中间开始旋转，就能得方向完全相反的两个螺旋。此外，旋转超过一定圈数，两个螺旋的交界处将无法继续旋转。这部分形变我们称之为"倒错"（perversion）。从词源学的角度来讲，"倒错"可以用来描述某种程度的歪曲和破坏，能生动形象地展现两个对称弹簧之间的不协调。

古灵精怪的卷须和普通的弹簧不同，它天生就是精密的仪器：受力相对较小时（微风、轻触、慢压），能轻松地保持弹性；受力相对较大时（狂风、采摘水果般拉拽），能展现坚韧的一面，通过收缩提高抗压能力，以免被拉成"普通的丝线"；受力结束后，还能恢复原状。

泡在花园里的每个下午，我都梦想自己的眼睛可以捕捉慢速世界，甚至拥有放大镜的功能，能够看见植物卷须的细胞排列及其变化。如果美梦成真，就可以发现，植物钩住物体以后，卷须内部很快就会出现变化，合成某种原本没有的螺旋状纤维。这种纤维能够发挥作用，要归功于两个细胞层——背侧细胞层和更坚硬的腹侧细胞层。去掉其他组织，只保留两个细胞层，卷须仍能

花园里的科学

保持弹性和完整的形态。由此可知，两个细胞层是螺旋状纤维最核心的部分。进一步说，卷须的弯曲得益于两个细胞层的非对称性收缩：腹侧细胞层纵向收缩，脱水速度较快，收缩速度也更快。要想改变收缩速度，只能把卷须泡在水里，让腹侧细胞层吸水伸展。总而言之，卷须像缠在包裹上的有弹性的丝带，当我们拿起剪刀（比如我用来探索花园的那把），轻轻地从中间剪断，卷须和丝带的两侧都会卷起来。

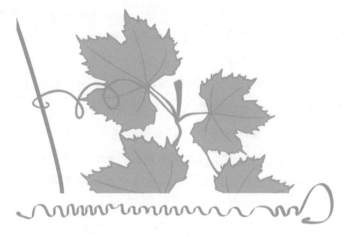

攀缘植物的卷须严格遵守几何学法则

不要和林奈"对表"

植物学家林奈不仅把世界上绝大部分植物归了类，还为生物的定义和区分制定了普遍标准，即便谦虚地讲，这也算"功勋卓越"了。经过无数次观察，林奈发现，在乌普萨拉（瑞典斯德哥尔摩北部城市）的花园里，植物总能按时打开或闭合花冠，他认为，通过植物可以粗略地估算时间。于是，他找出最能适应瑞典气候的植物，和时间对应起来，拿着圆规，端着花盆，设计了一个"花坛计时器"：水兰、蒲公英和海绿代表9:00，金盏花代表10:00，等等。根据林奈1751年提出的理论，只要把不同种类的植物按照合适的顺序排列起来，就能制作花钟（horologium florae）。受极端自然实证主义的影响，林奈曾公开表示，只要有"花钟"这种精密的计时器，瑞典的机械表就可以下岗了。照着机械表的刻度，给花圃划分区域位置，每个位置种不同的植物，开花时间只要和指针对应的时间相同，简易的花钟就做成了。但林奈也注意到了，并不是所有周期性开花植物都能按时开花，他将备选植物分为了三类，分别为"气候型（meteorici）"，开花随气候条件而变化；"早晚型（tropici）"，开花受昼夜长短的影响；"稳定型（aequinoctales）"，定时开花，不受前两种因素影响。

　　花园种植方面，林奈只是一个理论家，只顾着拿笔做"概念设计"，从不付诸实践。不过，他把所有理论都传给了有志于实践的后辈，比如自己的儿子。据说，其他人都忙着在地里干活，手上沾满泥土的时候，林奈的儿子想写关于花钟的书，而且已经动笔了，但始终没有完成，因为花期短暂，花钟的寿命不长。要想做一个能用几个月的花钟，就得根据季节，随时拿应季的开花植物替代已经开过花的植物。也许在园丁眼里，这还挺有趣的，但根本没什么实际意义。纬度和气候的变化给设计造成了巨大的困难。先不说斯堪的纳维亚半岛，光是瑞典乌普萨拉境内，只要地理位置往南偏移，产生的各种变化就已经难以估量了。林奈选出来的植物也好，其他拥有相同特征的植物也罢，花朵的开放与闭合并不只由"时针"控制，显然这种生长活动还受到地理位置的影响。此外，能够影响植物开花的因素还包括昼夜时长（与季节、纬度有关），温度（与时间、气候、光照有关）和湿度（早中晚都会变化，与气候有关）。

机械表没有从市面上消失，这足以证明，制造花钟比林奈心里想的要复杂得多。况且花钟确实没法精确而稳定地报时。同种植物在不同地方生长，可以在不同时间段开花，也就是说，花钟不能按格林尼治（Greenwich）时间"对表"，得因地制宜，根据当地时间"对表"。林奈选出的植物，生长地理位置越往南，开花时间越晚，品种不同，适应环境的能力也不同，生长地理位置发生了变化，开花时间受到的影响也不一样。钟表上的指针转动，并不意味着植物就会开花。不少植物可以根据天气，调整花朵开放和闭合的时间。根据林奈的理论，婆罗门参属植物应该在早晨10:00开花，如果天空乌云密布，可以推迟好几个小时才开花。如果光照不充分，即便到了13:00，花菱草属植物也不会开花。此外，开花时间还会随月份的变化而变化（同一个地区，蒲公英在5月和6月的开花时间各不相同）；月份不变，植物的开花时间也会因地理位置的变化而变化（以甘薯属植物为例，生长在光照充足的地区，比生长在光照不足的地区开花更早）。因此我们说，植物没有好好遵守时间。只要在地球上，时间就只能算普遍因素，对生物造成的影响相差无几。植物是动态工厂，它的工作时间具有弹性，对环境的适应能力则是商标。为了适应这个世界，植物需要根据自身需求不断做出改变，所以它们永远不会有统一的时间表。

花园里的气候可真奇怪

电影《烟》（*Smoke*）的主角奥古斯都（Augustus）[哈维·凯尔特（Harvey Keitel）饰演] 有个习惯：每天8:00，离开自家经营的小店，到纽约第三大道和第六大道的拐角处，在同样的地方拍同样的照片。说是"习惯"，不如说有强迫症，他逼着自己每天尽职尽责，连续几年也不肯中断。园丁也有类似的"魔怔"，整个夏天都泡在花园里给花圃浇水。奥古斯都说："拍摄的生活照是一样的，但每张各不相同。照片里有天气晴朗和乌云密布的早晨；夏天和冬日的阳光；工作日和休息日的光景；穿雨衣和防水胶鞋的路人，穿运动衫和短裤的行人；有时拍到的是同一个人，有时不是同一个；有时相同的人消失了，所有的不同都变成了相同。地球围绕太阳公转，阳光每天从不同的角度照射大地。"奥古斯都斥责朋友保罗（Paul）[威廉·赫特（William Hurt）饰演] 时说了以上那段话，因为保罗翻相册翻得太快了，没能深刻体会其中的节奏变化，留心各个照片的细微差别，仔细观察相片集的艺术结构。老实说，奥古斯都拍摄的照片确实展现了某种生命节奏，和先前我们说的"植物的生长节奏"一模一样。当然，我们没法在弹指一挥间就洞察其中的变化，我们只能追随四季的脚步，不断地拍摄观察，才能明白其中的奥妙。

以前有人用类似的方法，给不同生长阶段的植物拍了照片，包括开花、抽芽等，然后做了本时间相册。可惜纽约第三大道和第六大道的拐角处，没种什么花花草草，所以没法观察植物。在英国诺福克郡，约翰·威利斯（John Willis）拥有自己的花园，里面种了不少雪花莲和水仙花，还有棵栗树和白桦树。1913—

1942年，每逢元旦，威利斯就要给不同的植物照相。和奥古斯都拍摄的性质差不多，威利斯的照片既是一样的，也是各不相同的；诺福克郡的雪花莲和水仙花不断生长，每到新年，总会有不一样的地方：有时长势很好（1913年1月1日，已经有花骨朵了），有时刚结束休眠期，长势缓慢（1940年1月1日，种子都还没从冰冷的泥地中探头）。

《烟》的主角拍摄了许多照片，随着四季轮转，通过照片能观察光照角度不同时街角别样的景象。不过，为调查气候对植物的影响，威利斯选取了特定的某个季节，分别以水仙花和栗树为主题，创作了两本照片小说，为我们展现了花园里的小天地，揭示了有机体在应对气候变化时，做出的自我调整。实际上，两本著作不只是用来猎奇的读物，更是研究全球气候的重要资料。从根本上讲，威利斯的想法和奥古斯都不同，他想要的不是艺术作品，而是科学性十足的相片集（当然，相片集里的照片也都具备美学特征）。1944年，相片集出版了，书名为《天气》（*Weatherwise*）。英国皇家气象学会（Royal Meteorological Society）构建了一套与气候相关的物候学监测系统，在1875—1948年，征集了300名志愿者，观测生长在英国不同地区的12种植物，记录每种植物每年的开花过程和冬季休眠期以后的苏醒过程。威利斯就是300名志愿者之一，同时也是英国皇家气象学会的植物观测专员。

上述观测项目并非仅在英国有，从1951年开始，德国募集了1 500～4 000人，记录不同季节里植物的各项生长活动。此外，瑞典也组织了类似的物候学观测活动，以便为农民和园艺爱好者提供相关指导。

◎ 春光灿烂

前文提到的观测活动，绝非某个园丁的荒诞行为，而是与物候学相关的科学研究。物候学是把生物现象和气候联系在一起的科学。池塘里出现蝌蚪、动物冬眠结束、第一片落叶飘下、燕子回归或告别，都属于物候学的研究范畴，当然，还包括花园里的盛典——开花。遵循正确的物候学理论，建立庞大的数据库，有助于研究生物现象随时间推移而产生的变化，分析变化过程中出现的变量。举个简单的例子，全球气候变暖导致的气温变化，就是最值得研究的变量之一。我们已经说过了，植物会见机行事，只有气候适宜时，才会遵守时间、有规律地开花。当气候相对理想时（欧洲的气候就很适宜植物生长），植物的开花现象又和季节变化有千丝万缕的联系，昼夜长短、日光波长，以及大气温度都可以影响植物开花。

光照只随植物生长位置纬度的变化而变化，纬度相同时，温度就成了最大的变量，温度和气候变化关联巨大，在英国诺福克郡拍摄的雪花莲照片刚好揭示了这一规律。实际上，物候学家要收集不同种类的植物在开花过程中前几日的数据，从不同地方获取可靠的信息，研讨对比，避免因时间变化而造成的数据波动和错误的主观臆测。观测过程中，物候学家得确定开花的植物有多少，需要观测的地点有几处，用哪条通用理论才合适（比如根据理论推断，是否能不触碰花冠，用肉眼直接观察花药和雌蕊）。此外，要想得到更加可靠的数据，还可以像德国政府那样，采用时间编码的模式，建立严谨的体系，广泛涵盖各个领域。支持研究者的观测活动，在确保他们获取精确数据以前，持续了至少20年。

花园里的物候学，不是疯狂爱好者的消遣，也不是巫师的炼金术，而是观察植物适应能力，从地理学的角度，评判植物生长现象，预测接下来几年植物会发生何等变化的重要学科。许多国家都建有官方的核心网络，覆盖私人花园、公园和植物园，并交由专人管理，大幅度降低了在数据收集过程中可能出现的错误。几个世纪以来，私人花园、公园和植物园得到了政府的大力支持，提供了大量的观测数据，是培育植物的理想场所，易于掌控和监管，能实现同种植物的远距离观测。1959年，50所欧洲植物园联合组成世界物候园，由柏林的洪堡大学管理，刚开始主要负责记录植物在春天开花的数据，经发展，观测的时间范围扩大到了全年，此外，还要观测叶片的生长、黄化和掉落，以及果实的成熟过程。物候园监测的植物都是相同的（多数情况下，需要利用接穗获取基因变化）。研究发现，几乎所有的数据变化都与气候有关。目前，世界物候园完成的观测项目已经超过65 000条，包含23种来自欧洲各地的草本植物、木本植物，以及灌木类植物。另外，在该项目的推动下，植物园从简单的展览园，摇身变成了正牌科学观测场所。

◉ 每个人的物候学：花园里的公民科学

1736年，根本没人考虑气候变化这码事，"科学"是什么样的，有什么非凡的意义，和我们现在熟知的都不一样。工业革命刚出现苗头的时候，林奈建立了有助于植物分类的双名命名法；罗伯特·马沙姆（Robert Marsham）在诺福克郡的斯特拉顿·斯特拉雷斯小镇上，动笔撰写了《春天的迹象》（*Indications of Spring*）。他在书中准确地记录了春天来临时，大自然留下的各种征兆，比如雪花莲、萝卜、山楂和银莲花属植物都会开花。马

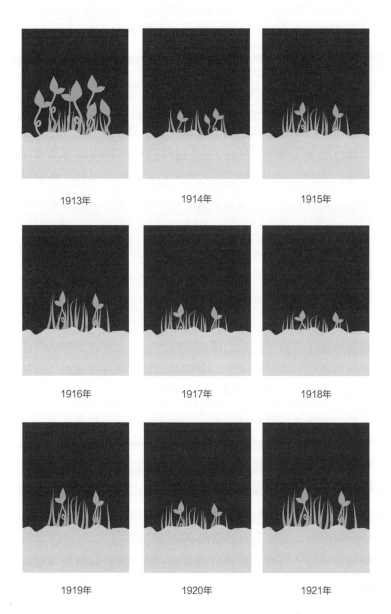

1913年 1914年 1915年

1916年 1917年 1918年

1919年 1920年 1921年

在园丁的指导下进行物候学研究，重塑植物对气候变化交出的历史答卷

沙姆对植物近乎强迫症似的观测行为，给威利斯提供了灵感，启发了《烟》的导演，因此，他的著作顺理成章地成为电影中城市照片的前身。直到去世那年的春天，马沙姆都在孜孜不倦地从事植物观测活动。他去世以后，后人握住接力棒，继续坚持不懈地观察植物。1958年，马沙姆的重孙听信了几个坏家伙的话，脑袋里冒出了可怕的想法。他认为，这样观察植物没什么意义。于是，这项耗时211年，迄今为止历时最长的物候学观测活动就此结束了。好在除了马沙姆的重孙，世界各地仍有许多对植物抱有深厚感情的人，他们要么精心照料自己的花园，要么在更富有动态性和不确定因素的自然环境中，正在或已经完成了类似的物候学观察。

1936—1998年，利奥波德（Leopold）一家在美国威斯康星州从事植物观测活动；1952年起，朱洪萨洛（Juhonsalo）一家在芬兰进行物候学研究；此外，罗伯特森（Robertson）和他的继承人在美国伊利诺伊州观察花园里的传粉昆虫，整整持续了120年。他们记录的数据备受科学家重视，有的还被相关机构当作分析材料来研究。从这些材料中，极有可能挖掘出关于植物应对气候变化的重要信息，用以评估植物开花后的解偶联现象，以及春天传粉昆虫与植物的匹配度。植物园里能观察植物，打开官网也能做植物调研，比起这两种情况，长期在野外或乡村的花园中，从事相关个人研究活动就显得复杂多了，因为大部分植物已经被严寒、干旱和自然法则逼入了濒临灭绝的境地。

上面提到的那些人，能够敏锐地察觉最细微的气候变化，发现城市（通常是有植物园的）和乡村的气温变化是有差别的，他们记录的数据能为城市和国家提供重要的参考。面对气温变化，不同的植物采取的应对措施是不一样的。因此，调查涵盖植物的种类越多，囊括的地理位置越广，得到的数据就越可靠，才能更好地为农业和园艺提供指导。

英国和德国的研究员并不"孤单",由于数码相机和互联网设备的普及,致力于研究物候学和预测气候变化的"大众科学"项目越来越多了。美国国家物候网(The USA National Phenology Network)和自然日历网(Nature's Calendar)发起"爆芽物候计划"(Project bud burst)以后,市民纷纷响应,做起了兼职观察员:在草坪上散步,到森林里转悠,观察几种特定的植物,记录植物生长活动数据,把收集的资料传给组织方,就是这么简单。然而,专家要做的事情就不一样了:得选定几种植物,把以往的可用资料,与气候、温度相关的数据全找出来,和观察员反馈的信息进行对比。

得到了园艺师和植物爱好者的鼎力相助后,在2016年,自然日历网宣布,监测范围内的400多种植物,春天开花的植物受气候变化影响最大,有的提前开花,有的和传粉昆虫失之交臂,甚至不开花。在加拿大,"植物观测"(Plantwatch)计划已经开展10年了,涵盖的范围除了植物,还包括了冰川和两栖动物,甚至蚯蚓。所有观测数据都是公开的,可以随意使用,有时观测者还得亲自修订数据,做出相关解释。"植物观测"计划是大众参与的科学研究活动,为了观察自然,大家心甘情愿地走进森林,迈向冰原,感受自然的气息,触摸自然的脉搏,领悟人类的归宿究竟在何方。该项计划为研究院、科学家、业余爱好者,以及初出茅庐或潜在的研究者树立了榜样,激励了大众积极投身科学实践,使大家对自然环境和科学的研究方法有了新的认识。

◎ 曾经的花园已经不存在了

无论是业余、正式、学术性的，还是欧洲、亚洲、美洲范围内的物候学研究，多多少少的几十个项目都表明，春天加快脚步，提前进花园了。数据显示，在1970—2000年，平均每10年，春天就会提前2.5天到来，2000年以后，这个趋势还在加快。研究发现，和50年前相比，春天提早了大概6.3天，为了适应这个变化，夏天推迟了4.5天，也就是说，欧洲大陆范围内，植物生长最重要的两个季节总共延长了约11天。美国各地都有大众科学家参与"爆芽物候计划"，他们发现，观测的11种植物里，有7种会提前开花。

但这并非绝对，从地理学的角度看，比起1951年，1998年的春天提前了4周"光临"中欧和西欧，却推迟了2周进入东欧。该现象自南北回归线起，越往极地地区越明显。自然日历网指出，40年前这种现象并不明显，变化主要集中在近几年。如果把物候学数据和气候学资料放在一起看，我们就能发现，气候变暖和上述现象也有关联。春天每提前2～10天，平均气温就上升约1℃。因此，就目前中欧地区气候变暖的趋势来看，到2100年，许多植物都会提前20～35天开花。

关于该现象，我们不仅要考虑植物进入开花期以后的气象温度，还要考虑开花当晚，甚至前几个月的温度，也就是说，植物的生长活动在春天发生变化，并非由一年或一天某个具体时间段的气温造成。比如夜晚气温上升会导致植物的花蜜含量下降，以每平方米为单位，能吸引传粉昆虫的花蜜含量会下降90%，如此一来，植物和昆虫之间的"经济平衡"被打破了。交叉分析后得到的数据显示，相比于常年开花植物，一年开花一次的植物更容易受到气候变暖的影响，可能提前10天就会开花，再比如属于木本植物的灌木，比草本植物更容易受到影响。

不同的植物会用不同的方法应对气温变化，有时哪怕只增长1℃，应对方法都可能截然相反：纤细老鹳草（*Geranium Robertianum*）会提前5周开花，蜂斗菜属植物（*Petasites*）则推迟6周开花；有些植物原本需要冬霜帮忙，气温上升以后，会延长本该冬天才有的生长活动。因此，物候学观测必须同时覆盖尽可能多的植物，正如谚语所说的那样：单燕不成春。

◉ 要是植物生长的地理位置变了

在日本，每逢樱花盛开的季节，新闻里就会播报相关的物候学预测，为了分辨各个地区樱花开放的顺序，主持人还会展示画满弧形等温线的地图。这样一来，民众和游客就能选择恰当的时间和地点，在粉色的樱花林中漫步，享受樱花盛开的美景了（日本人把赏樱活动称为"hanami"，即花见）。樱花绽放和气候、气温、降雨，以及日照都有很大的关系，因此，每年的"魔法时刻"，都会根据地点的变化而变化。从日本的南部到北部，甚至出现了时间梯度。然而，近年来赏樱时间也出现了偏差。相比以往，樱花盛开的时间提早了5～7天，换句话说，参照原本的时间，整个"开花前线"往北推进了150 km。除开赏樱用的物候学地图，长期以来记录的观测数据，也证明了这种偏差确实存在。感谢日本对赏樱文化的重视，2000年以后，多亏他们对樱花的观测，我们才得到了一些有关"植物花期和气候变化的联系"的现实依据。

用地图观察植物和气候变化之间的关联，上述现象只是诸多例子中的一个。同时，植物应对气候变化的方式各种各样，提前

在"植物耐寒分区图"上，能找到最适合植物生长的地理位置

冬季最低气温区域图

- -35～-40℃
- -29～-34℃
- -23～-29℃
- -18～-23℃
- -12～-18℃
- -7～-12℃
- -1～-7℃
- 4～-1℃

开花只是其中的一种。由于气候变化，有些植物会改变结果期，或者转变果实的口味，甚至根据自身需求，往最适合生长的地区"进发"。正因为如此，葡萄"抵达"了最适合它们生长的欧洲，我们才喝到了最好的红酒。

播种受到时间和空间的限制，植物只能自己适应当地的气候变化。关于这一点，物候学家已经有所察觉了，他们测量并绘制了一种分区图。比如美国和欧洲采用的"植物耐寒分区图"，就是按植物对气候变化的适应能力，把各个地理区域划分开来的地图。参考地图，我们可以找到最适合植物生长的区域，或者选择最适合当地气候的植物进行播种。仅把现有的分布在不同地区的植物信息全部收集起来，并不能绘制合适的植物耐寒分区图，相反，收集信息以后，我们需要定期参考真实有效的气候数据，实时更新地图资料。

想要检验"植物耐寒分区图"数据的可靠性，就应该到当地看看实际情况，收集相关资料进行核对。很多资料都表明，植物逐渐迁移以后，从南部到北部，从丘陵到高山，从炎热地区到气候宜人的地区，迁移植物和本土植物展开了越发激烈的生存竞争。显然，生态位阈值较小的植物（比如生长在严寒地区或高山上的植物，或者生长在海岸线上容易被海水冲走的植物），想在别处安家，就得付出更大的代价。

上山去

如果把各个学科比作一个地方，当我们走到植物学大道和地理学大街的交叉口时，肯定能看见一个绿树成荫的大广场，这个广场是用德国科学家的名字命名的，叫洪堡广场。亚历山大·冯·洪堡（Alexander Von Humboldt）是典型的德国人，做事情井井有条。他是一名伟大的科学家，生前热爱地理学和分类学，对环游世界和生物研究已经达到了痴迷的程度。他擅长把新发现和地形学的知识结合起来，细致入微地记录眼前的自然景象。

生物地理学是以地理坐标系为基础，囊括动植物研究的学科。洪堡采取普查的方式，详细地调查了动植物的水平分布和垂直分布。毫无疑问，创建这门学科是洪堡最伟大的成就之一。多亏了他的研究，科学家才能在自然环境中找到稀有植物，搞明白各种植物在栖息地的分布情况、植物和气候之间的关联。如今，洪堡的研究在GPS（全球定位系统）的研发中也发挥了重要作用。生物地理学解释了高山垂直自然带上的植物分布，以及不同气温和光照对垂直高度上的各种群的影响。

200多年以前，洪堡在厄瓜多尔绘制了一张钦博拉索山（安第斯山脉中最高的火山）植物分布图。洪堡认为，比起列满植物名字、生长高度和分布情况的表格，图像更为重要。他运用所学，绘制了高山垂直自然带示意图，并标注了生长在不同海拔位置上的典型植物。在洪堡眼里，钦博拉索山就是垂直的花园。他画的这张图就算放到现在，也是十分重要的资料。洪堡完成作图后的200年，有些丹麦的研究者想知道气候变化是否已经影响了钦博拉索山各个海拔位置的植物分布，所以按照同样的方法，重新绘制了地图。研究者拿两幅图进行比对，用我们的话说，就是"大家来找茬"。

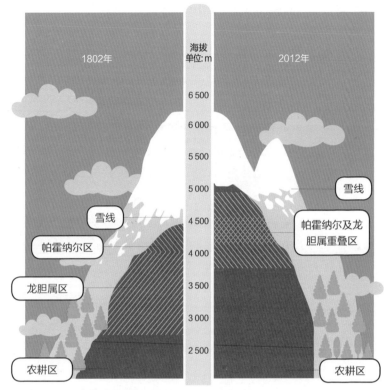

海拔
单位：m

1802年

2012年

6 500

6 000

5 500

5 000

雪线

雪线

帕霍纳尔区

帕霍纳尔及龙
胆属重叠区

4 500

4 000

龙胆属区

3 500

3 000

2 500

农耕区

农耕区

↱ 大家来找茬：在厄瓜多尔钦博拉索山，植物体现的价值已经不一样了

　　参考洪堡画的示意图，研究者从山脚出发，刚开始并没有发现有什么变化，直到几天后，才找到了德国科学家在图上标注的植物。这些高山植物只能在寒冷的环境中生长发芽，因此，它们生长的海拔已经往上推移了大约675 m。洪堡当年在钦博拉索山发现的植物，生长海拔最高达到了4 600 m。在这个高度，除了地衣这种"披着厚毛皮的怪物"，其他植物基本上没法生存。如今，雪线后撤，常年被积雪覆盖的土地露了出来，植物在钦博拉索山的最高生长海拔已经达到了5 200 m。

钦博拉索山植物的垂直分布已经彻底改变了，简单来说，就是植物生长的海拔发生了变化。同一海拔位置，气温却不同，和现在比起来，以前的气温要更低一些。举几个例子，参考洪堡绘制的地图，在2 000～4 100 m的海拔位置，应该有龙胆属等植物，从4 100 m往上到植物生长的最高海拔，即4 600 m，应该有许多耐寒、耐高强度紫外线的植物，后面说的这个区域被称为"帕霍纳尔区"。现在，龙胆属区的海拔仅为4 200～4 600 m，覆盖的海拔虽然往上长了，范围却缩小了。相反，帕霍纳尔区覆盖的范围变广了，在海拔3 800～5 100 m，分布却不明显了。这不是简单的水平线"高度跳跃"，而是植物与环境的关系被强行改变了。话说回来，能越快适应环境的植物，越能生存下来，比如禾本科植物。实际上，把生长的海拔往上推，并非植物应对炎热的唯一办法，有的植物会迁移到山林的背阴处，如果这些地方已经住有别的居民了，新来的植物就只能在横向扩张的基础上垂直发展。

这些变化并非只在高山上才有，海拔相对较低的位置也同样存在该现象。1802年，海拔3 000 m以上鲜有农耕作业，但2012年，海拔3 800 m以上农耕作业已经是稀松平常的事情了。正因为环境改变了，人类才能放牧和农耕，要是以前，这是绝对无法做到的。此外，有不少植物（要么是人类偏爱的，要么是人工培育的）从人类的活动中获益，侵占了野生植物的领地。要知道，那些领地原本只有野生植物，现在野生植物却和侵入领地的植物展开了激烈的生存竞争。

科学家发现，除了钦博拉索山，在地球上任何一座山脉（包括阿尔卑斯山脉），都能观测到类似的现象。我们应当警惕，上述现象在热带山脉尤为明显。据推算，过去的200年里，厄瓜多尔的平均气温增长了约1.6℃，如果把温度的增量换算成海拔的变量，那就相当于阿尔卑斯山脉以每年10～15 m的速度"长高"了400 m。在热带地区，这个增长速度快了整整1倍。可以说，目前的形势已经非常严峻了。然而，气候变化过快，超过了物种进化的承受范围，植物已经没法适应了。我们的花园、地球上的每片森林，都是上述现象的最佳证人。

空中飞舞的花粉

昨天我们欣赏到了不同以往的盛景，夏天提前来了。铜绿色的尘埃在半空中飘洒，仿佛天边的北极光给爷爷的花园笼罩了一层轻纱。那都是阿特拉斯雪松的花粉。看着花粉随风飞扬，我们不禁要问，究竟有多少"小飞船"升空了？它们航行了多远的路程？最后抵达目的地了吗？关于花粉结构和植物传粉策略的研究并不多，想来想去，我觉得是因为不少科研人员对花粉过敏。如果要找一个浪漫的理由来解释，那或许是因为春天到了，爱情也到了，没人能挡住春天的魅力，大家都去干别的了。如果看吉尼斯世界纪录（Guiness World Records），我们发现，花粉的传播距离是没有极限的：有种颗粒状的花粉，借助风力飞到一定高度后，可以环游世界；此外，针叶树的花粉最远能传到4 500 km以外的地方。

花粉是小小的飞船，必须跨越千山万水才能到达目的地。安全着陆以后，父辈交代的繁殖任务是怎么完成的呢？对此，我们不能只站在气流学的角度作答，还得考虑生物学意义上的相关限制。花粉虽然和宇宙飞船一样坚固，拥有先进的动力系统，能够顺利航行，虽然它们外部坚固，内部的配套设施却有"使用寿命"。关于这一点，只要想想宇宙飞船里的航天员会生老病死，就可以理解了。举个例子，火炬松（*Pinus taeda*）的花粉起飞以后，40 km范围内只有50%的花粉能与雌花接触，授精发芽。风媒传粉植物和虫媒传粉植物的花粉发芽率并不相同（与生态环境也有关系）：欧洲七叶树的花粉可以飘到大约400 km远的地方；抛开距离不谈，蔷薇科植物的花粉发芽4～5天以后，其中70%以上都保留了能育性。有些时候，我们更需要考虑的因素是飞行时间：樟子松（*Pinus sylvestris* var. *mongolica*）的花粉即便飞到400 km外，也具备良好的能育性，可以在遥远的他乡落脚，繁衍后代；然而，如果没有强风帮助花粉在规定时间内完成旅行，那刚才说到的全都白搭了。再说说玉米吧，花粉释放约4 h以后，发芽率就会减半；而小麦和大麦，根本用不着10 min，花粉的发芽率就减半了。由此可知，花粉也有脆弱的一面。当然，这跟紫外线和大气湿度同样有着密切的关联。

研究上述现象，我们发现，能够相互比邻而居的植物，在"传粉距离"这方面，不用有太高的造诣；那些注定要在未来分居两地的植物，不得不在花粉活性持久度这方面好好地下功夫。比如兰花的生态位分布零散，花粉起飞以后，50天以内都能发芽。很多单子叶植物可以侵吞整片草地，如苇状羊茅（*Festuca arundinacea*），花粉起飞90 min以后，就完全失去了能育性。观察记录这些数据，就好像我们观赏了一场植物的奥林匹克运动会。不过，真实情况并没有这么简单，花粉保持活性的能力越强，就越能适应环境，活性时间越短的花粉越容易受到环境变化的影响。此外，人类活动极有可能拆散植物"夫妻"，让两口子分居，相距甚远，结果花粉还没来得及落到适合的位置上，就已经失去能育性了。

◎ 别小瞧了花粉

春天本来的样子应该是活力满满的，花粉四处飘扬。但是，把"脱水""起皱""损害""变老""无果"等词联系在一起，可以描绘景色完全不同的春天。脱水引发的生物现象有时和上面那几个词并没有多大的关系，也就是说，"脱水"有时能保存或保护植物的生命力。举两个简单的例子，少量的游离水可以阻断种子降解，水分含量过高的种子却在发芽前发酵。植物在陆地上开展"事业"的同时，总会在"适度干燥"和"相对湿润"之间寻求完美的平衡点。

实际上，在进化的过程中（比如从水藻到蕨类植物，裸子植物到被子植物），植物逐渐适应了湿度带来的影响。水藻的配子需要吸收足够的水分才能自由活动，蕨类植物需要的水分就少多了，而银杏的花粉只要几滴露水，就能完成繁殖任务。进化程度越高的植物，越不需要或越少需要水分的支持。在这种不间断的进化过程中，植物不仅征服了干燥的自然环境（减少了生存竞争），保证了后代向别处迁移的可能性，还学会了随遇而安的处世原则。植物在长距离的迁移中（比如从花园到花园，森林到森林，大陆到大陆），有两种结构的变化最为明显——花粉和种子。两者都会从母体身上脱离，去征服另一个时空。种子的生长活动睁大眼睛就可以轻松观察，而花粉的体积太小，不容易观察，因此显得神秘了很多。

环境条件理想时，含有配子的花粉才可以"探索时空"。它们需要满足以下几个条件：不和空气接触，不受射线照射，内部微观环境保持湿润，与外界保持一定的"联系"，同时必须具备长途跋涉的能力。只有这样，植物的雄性配子才能摆脱水分的限制（克服水分制造的困难），踏上自己或长或短的旅途。

要搞清楚植物是如何解决难题的，我们不妨想象一下，在一个傍晚，我们正在给自己，或者"亲爱的"，准备第二天要吃的三明治。为了防止面包变干，我们用锡纸或保鲜膜把面包好好地裹起来，细心地沿着几个边把缝隙压好，简单一点来说，就是把整块面包都密封起来。我们用的锡纸不漏水，折起还能保持形状，因此，面包才不至于失水太多。第二天撕开锡纸，面包还可以吃。植物在进化的过程中，采用了类似的手段，花粉给雄性配子配备了安全的、性能优良的、不完全密封的载体。那些被包起来的小可怜注定不能成为"薛定谔的猫"，因为它们迟早要出来传粉。然而，花粉在被释放的瞬间，会立刻脱水，它们"起飞"以后，过不了多久，内部的湿度就只有原来的15%了，这个状态刚好可以保证花粉内部结构的正常运作。脱水时，花粉的外部结构（包括花粉外壁、花粉内壁、花粉孔）会沿着特定的线条收缩。

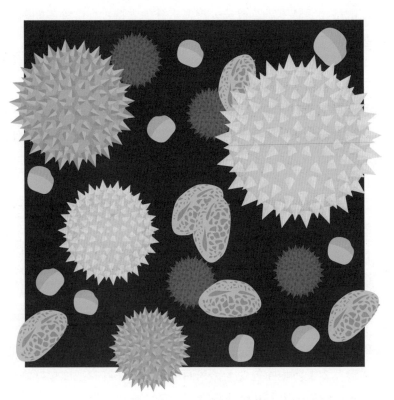

7 人类有指纹，植物有花粉

花粉外壁是花粉的外衣，由许多不透水的聚合物组成；花粉内壁是花粉的内衣，允许水分子通过。从某种意义上讲，花粉外壁是"锡纸"，花粉内壁是"面包"。脱水以后，花粉外壁会收缩起皱，花粉孔（帮助细胞与外界交流的开口）会在原有结构的基础上折叠弯曲，帮助花粉外壁保持硬度。实际上，花粉最终的形状不是随机生成的，也就是说，植物种类不同，花粉最后的形状也不同。接着，剩下的各项"操作"能否顺利开展，要取决于雌花内部的湿度条件。雌花内部湿度理想时，花粉可以在适当的时间、位置恢复与外界的联系。无论哪种植物，只要想在世界上找到自己的位置，就得学会适应环境，不断地进化。种子是植物的儿女，是爱的结晶，在进化的过程中，它们的形状、大小、模样都发生了改变，这有利于它们跟随气流在低空、高空飞行或者挂在动物身上去旅行。

花粉的体积很小，形状各式各样的都有，像足球、网球、篮球、橄榄球，有的表面长着"钩针"，有的表面光滑整洁，有的扁扁的，有的圆圆的，总之，它们能在半空中飞舞，可以应对糟糕透顶的环境，好天气、坏天气、细胞老化现象通通不在话下。有的花粉历经千年岁月，附着在沉积的地质中或出土的文物表面，形状竟然和原来差不多。如果追本溯源，我们甚至能"看见"它们最初的样貌。花粉的种类繁多，可以适应不同环境，每年春天，我们种植植物点缀花园时，在鲜花朵朵的小径漫步时，衣服上总会留下这样那样的印记。说句实在话，植物留下"指纹"，帮助警察侦破案件，这种案例并不是只在浪漫主义小说里才有的。

◉ 非常规传粉媒介

说起花和花粉，总有人想到阿尔伯特·爱因斯坦（Albert Einstein）。1994年，爱因斯坦为了支持养蜂业，参加了某个游行活动，他当时说："没有蜜蜂，人类只能再活4年。"从生物学的角度来讲，这句话并不准确，因为很多植物的传粉媒介并不是蜜蜂。那些躲在花园里，用一辈子的时间研究植物的科学家肯定不会说出这样的话。当然，爱因斯坦口中的"蜜蜂"，也许只是修辞学意义上的"蜜蜂"，实际上是指代全部的"媒介昆虫"。如果把蜜蜂当作花园或地球生态系统中唯一的媒介昆虫，那就等于拿望远镜观察花朵，我们就成了典型的"植物盲"。

据估计，有100 000～200 000种可以扮演传粉媒介角色的昆虫，有15%的植物不设专门通道，仅靠普通蜜蜂传粉。有不少植物在相互传粉时，依靠多种传粉媒介。还有的植物，必须请野生蜜蜂（包括熊蜂属蜜蜂）、昼出性和夜出性蝴蝶、甲虫、苍蝇等昆虫类"花粉邮递员"帮忙，才能把自己的花粉传播出去。为了达到传粉目的，无论是会飞的，还是不会飞的，许多脊椎动物都成了植物利用的对象，比如鸟、蝙蝠、蜥蜴、灵长目动物和有袋目动物等，但是，只有甲虫能为85%以上的开花植物传粉。我们对40种结出果实的植物进行了相关测试，最后发现，14%的案例中，西洋蜂传粉效果比野生昆虫传粉效果好。然而，我们听说了一个坏消息：西洋蜂虽然可以充当传粉媒介，但它们的生存空间正在经受来自人工养殖蜜蜂的威胁。近20年以来，北美洲熊蜂属蜜蜂的数量减少了80%，英国和荷兰的野生蜜蜂数量下降了60%。此外，能够充当传粉媒介的脊椎动物大约有60%正受到环境恶化和农药污染的威胁，它们的栖息地被破坏，有的传粉脊椎动物几乎濒临灭绝。因此，在某些情况下，靠风媒传粉的植物就比利用动物传粉的植物更具生存竞争力。

野生蜜蜂传粉　　　　　自花传粉　　　　　风媒传粉

传粉媒介不同，草莓也各不相同

　　生命系统繁杂无比，单从这方面来讲，植物和某些民族语言倒有一些相似。民族语言包含了大量的特殊语法和不规则动词，虽然受限于可能存在的语法规则，但能够以独特的方式相互结合。在学习的过程中，我们会想方设法地构建本来不存在的语言体系，然而，实际运用的时候，口语表达总是"离经叛道"，脱离制定好的语法规则。回头看一看花粉，它们的世界也有类似的事情发生。按照传粉邮递员的公司所属，我们好不容易给植物分了类，它们却总是变卦，改用生存环境中相对可行度最高的方法传粉。为此，我们把上述现象称为"传粉综合征"（sindromi da impollinazione）。我们推断，在某一种动物偏好的各种植物之间，可能存在相同的特征。举一个例子，靠蜜蜂传粉的植物通常能够释放浓烈的香气，为传粉昆虫提供物理引导，它们的花总是黄色或蓝色的，以便提供色彩引导，同时，花朵的结构也很对称，这种"机场"方便昆虫"着陆"。

　　靠鸟类传粉的植物就不同了，花朵通常呈红色，没有任何香味，管状的花冠向下弯折，能适应鸟类弯曲的喙和各种长度的舌头。植物采用这种方法，在拒绝其他觅食者的同时，摆出了大量的液态花蜜，请前来传粉的鸟类大吃大喝。甲虫偏爱的植物，花冠通常是淡绿色的，呈杯状，有果香，花蜜的含量比花粉少，因为甲虫能把花粉嘎嘣嘎嘣地吃进肚子。然而，这种分类方式有自身的局限性，特殊的例子实在太多，每种类群之间的界限已经模糊不清了。试想一下，我们在大城市里生活，没有私家车，都像花粉似的，出行全靠公共交通工具（包括共享汽车和共享单车），极少数情况下，我们乘坐某一种特定的交通工具。因为我们出门时，通常只选择最方便的交通工具，也就是说，我们会根据情况，选择最佳的乘车方案。

在植物的世界里，相同的事情时有发生。除了被花朵选中的动物，还有别的形形色色的生物和非生物，都可以充当传粉媒介，只是传粉效率需要植物付出不同的代价罢了。草莓和欧洲越橘最喜欢的传粉媒介是野生蜜蜂，如果周围的环境里没有，它们就得靠效率更低的风媒进行传粉，甚至牺牲一部分成功率，进行自花授粉。再进一步说，欧洲越橘经过虫媒传粉，结出的果实比平均水平大14%，种子产量增多30%，如果没法进行虫媒传粉，它们会降低要求，采用其他方式传粉。当然，极端案例也不是没有，比如把蜜蜂当作传粉媒介的短梗土丁桂（*Evolvulus nummularius*），它偶尔会采用"共享花粉"的方式，诱导大锥蜗牛（*Lamellaxis gracile*）等天敌帮助自己传粉。短梗土丁桂通常只开花半天，它们必须服从气候的安排，合理改变策略。雨天时，蜜蜂喜欢待在家里，可蜗牛不同，它们喜欢潮湿的环境，能带着花粉在植物身上爬行。靠蜗牛传粉，尽管效率不太高，但任务好歹也算完成了。

再举一个特殊例子，是关于"恐龙爱好者"的。我说的"恐龙爱好者"，不是指那些对三角龙和剑龙抱有极大的热情的小孩子，而是说在某些小岛上，植物把爬行动物当作了传粉媒介，这是一种罕见的传粉方式。巴西有一个群岛，气候十分干燥，岛上的一种蜥蜴常常爬到刺桐（*Erythrina variegata*）上"赏花"。枝头的花朵能够分泌富含水分的花蜜，口渴的蜥蜴被吸引过来，像蜜蜂一样吸食树上的花蜜。与此同时，花粉趁机附着在蜥蜴盔甲般的鳞片上，等它们吃饱喝足以后，跟着它们走遍小岛，落在别的花朵身上。

第二章

夏　天

具有侵略性的植物

有一天，爷爷的朋友从南美洲带了礼物回来，他把两株灌木塞进了行李箱，居然阴差阳错地通过了海关。当时我什么都不懂，参加了他们的狂欢派对，为这个充满异域风情的礼物高兴了好久。长大以后，我学到了很多知识，从植物的贸易史里，了解到沃德箱（wardian case）的点点滴滴。于是我明白，爷爷的朋友触犯了多条法律，他的荒谬行为带来了巨大的风险。沃德箱是一种便携式手提箱，里面铺了泥，像一个小小的温室。它诞生于19世纪维多利亚时代，当时没什么人了解生态学，因此，对热带植物的研究和培育就成了科学家和园艺师的必修课。

沃德箱还是一辆小汽车，能完好无损地载着植物、种子和接穗，四处旅游。1833年，有人用沃德箱把几种蕨类植物从英国带到了澳大利亚，又把澳大利亚的蕨类植物带到了英国。针对这场历史性的旅途，有专家提出了看法，他们认为，有许多"偷渡者"躲在沃德箱里，比如线虫、环节动物、软体动物、甲壳纲动物和节肢动物，除此之外，土壤里还埋着很多微生物和种子。然而，在那个年代，根本没有"四十天隔离检疫法"，也就是说，没有完善的系统能够为踏上国土的植物做检测，来判断是否符合卫生和安全标准。所以有人推测，如果不是沃德箱的广泛运用，菌菇就不会登上小岛，斯里兰卡的植物园也不会被迅速"扫平"，特别是咖啡叶锈病（*Hemileia vastatrix*）也绝不可能跋山涉水远赴斯里兰卡，感染当地的咖啡叶。当然，即便到了今天，类似的事故也依然在发生。比如意大利的普利亚和普罗旺斯的橄榄树，就遭遇了相同的厄运。当地人从哥斯达黎加引入了某些植物，用来制作装饰品，不幸的是，某个树桩却携带了木质部难养菌（*Xylella fastidiosa*）。

◎ 异域风情：受人追捧，但着实讲究

长久以来，园丁总经不住异域风情的诱惑，猎奇成了植物交易的一大原因，早在17世纪，约翰·特雷德斯坎（John Tradescant）就开始满世界搜罗稀奇古怪的植物了。许多植物被带离原生栖息地，进入了英国，其中不乏所谓的"入侵者"，比如紫露草属植物（*Tradescantia*）。引入的植物既要独特美观，又要容易养活，人类的活动造就了植物间激烈的生存竞争。受到影响的不仅是陆生植物，还有水生植物。实际上，有些水生植物爱好者丝毫不肯花工夫，他们希望种下植物没几天，就能享受成果。然而，能够满足他们期待的植物，很多都是水中入侵者，比如黑藻（*Hydrilla verticillata*）、水蕴草（*Egeria densa*）和狐尾藻（*Myriophyllum verticillatum*）等。此外，这还间接地影响了园艺师，从特雷德斯坎到我们，各个国家都在大量地引进非本土植物。因为人类的"美学追求"，植物入侵者离开原生栖息地，翻过"围墙"，制造了大批伤亡。举个例子，美国引进的树种，有80%在刚开始只是用来做装饰的；从澳大利亚引入的花种，有60%在当地成了装饰花；而在英国，包括昆虫在内的各物种入侵现象，90%都要归咎于动植物交易。

在英国，植物致病的罪因，超过50%都和装饰植物有关，仅有15%的案例归咎于本土植物。全欧洲引进的植物超过3 700种，约有2 000种来自其他大陆，这个数据在近20年里，增长了14%，也就是说，几十年间，被带进当地苗圃的新品种植物或装饰植物的数量，正以每年5%～10%的速度增加。然而，并非所有引进的

植物都是入侵者，比如那两株从南美洲跨洋而来，落户爷爷家花园的灌木植物，顶多只能算普通的移民或老外，所以这并不意味着，引进的植物都是危险的入侵者。

乘坐沃德箱进入新领地的植物，各自拥有截然不同的命运，我们可以把它们大致分为三类。第一类包含的植物种类并不固定，这种植物进入新环境以后，不能开花结果，繁衍后代，只能草草地了结一生。在园丁眼里，培育这种寿命短暂的植物既能把风险降到最低，又能满足顾客的猎奇心理。第二类植物可以引入本土，这种植物进入新环境以后，能够开花结果，繁衍后代，不过，所有的生长活动都受到新环境的限制，要是气候不好、传粉媒介效率不高，或者没有传粉昆虫，遇到的麻烦可就大了。有时，它们甚至能遇上电影《世界大战》里的外星生物，即新环境中特有的病原体，不幸的是，这些植物没有相应的免疫系统去应对。最后一类植物就是入侵者了，它们原本应该属于第二类，可是失去了控制，为了争夺新环境中有限的生存空间，疯狂地侵占其他植物的栖息地。总的来说，三类植物各占一定的比例，据估算，在100种外来植物进入新的栖息地以后，只有10种（随机品种）可以在当地生存，这10种植物里，仅有1种可以适应当地的环境。这就是所谓的"10%定律"，那么，部分植物适应当地的环境以后，只有10%能成为入侵者。也就是说，从南美洲大陆运来的那两株灌木植物，能对本土植物构成威胁的概率很小。然而，这种风险估算，仅仅停留在植物的层面了，我们并没有考虑潜藏在叶子、土壤中的神秘客人。实际上，生病的植物和可疑的土壤，都是输入潜在危险的第一渠道。举一个例子，受人类活动（携带盆栽等行为）影响，有超过20 000种对植物有害的微生物登陆北美洲，并引发了一系列问题。情况和前文提到的斯里兰卡咖啡叶锈病，以及意大利普利亚木质部难养菌差不多。

↗ 沃德箱的出现，简化了植物运输，加剧了植物病害

　　植物的自然分布出现了变化，并不总是反常的现象，相反，这可能代表了植物多年积累的动态变量，恰恰契合了当今对花朵的定义，即"处于运动状态的有机体"，而非"静态生命体"。那么，我们在前文批评的，实际上是人类过度引进植物的做法。欧洲每年都要引进大约6种新植物；在某些岛屿上，比如加拉帕戈斯群岛或夏威夷群岛，原本每10 000年才会出现1种新物种，现在却以每年10～20种的数量不断增加。那些潜在的入侵者，大都分布在人类活动频繁的地区，其中58%可以在公园、花园，甚至田地里茁壮成长，当然，野生环境中也有，但只占30%。有些植物喜欢侵入未受人类破坏的自然栖息地，比如纤细老鹳草（*Geranium robertianum*）。出现在人类活动频繁地区的，往往

是那些备受我们关注的植物，或者是初来乍到的新移民。真正让欧洲大陆头疼不已的入侵植物只有11种，这当中，37%是乘坐自然环境中的交通工具偶然着陆的，除此之外，都是人类不经意之间（包括不严格的检疫等）带来的。前文已经提到过了，行李箱里的两株灌木就是很好的例子。要是像某些研究员那样，光谈论大陆特异性，或者"非欧盟"植物，怎么让别人好好认识这个问题呢？包括植物在内的很多生物，对某个特定的自然栖息地或生态位，都属于外来者。和人类社会不同，植物入侵者一旦跨过国界，就不只是造成地缘政治问题、社会问题、人种问题或文化问题那么简单了。

虽然情况有些相似，但入侵自然环境，肯定和入侵国家领土有不一样的地方，况且有些植物能入侵整个欧洲。举一个例子，在19世纪，我们从西班牙引进黑海杜鹃（*Rhododendron ponticum*），本意是想"帮助"它们脱离野生环境，实现人工培育，好拿来做装饰植物，谁知道它们日后入侵了英国各群岛，但现在已经算不上入侵植物了。当然，这里说的内容和进化程度无关，所谓的"进化程度最高"，并不和"侵略性""物种优劣性"挂钩。比如许多原产于北半球的松树，具有古树的特征，但在南半球却被认为是入侵物种。因此，我们最应该关心的，不是给绿色植物安插"种族巡逻官"，贴上"土著""老外""优等""劣等"的标签，而是提前判断，哪些植物有成为入侵者的可能，哪些植物容易受"本土化"或随机因素的影响，进而在不浪费人力物力，不影响市场的情况下，挨个排查出来。只有如此，才不会觉得搞这种研究是在浪费时间。

◉ 嫌疑人：格林姆林小精灵

在没有标准答案的情况下，很多研究员都想揭开入侵者神秘的面纱，找出谁是最有可能制造麻烦的家伙。不过，虽有规律可循，但在植物的语法世界里，总有不规则动词和特殊情况，研究员的做法常常显得没那么科学，反倒让人觉得神经兮兮。尽管如此，规律还是很重要的，觉得好玩也行，出于实用也罢，总之，从事园林工作的人都应该把规律牢记在心。每个人都应该明白，爷爷的朋友究竟犯了什么错。就算只是从别的大陆带回来一小盒种子，也应该接受检疫，如果没有严格的植物检疫系统，就应该杜绝植物进口。世界上10%的植物都具有侵略性，那些从来没有离开过原生栖息地的植物（大约有25 000种），都属于潜在的入侵者。保守估计，至少有千余种植物入侵者正在伺机而动。前车之鉴虽然不少，但我们仍然可能犯下新的错误。

要在任意品种的植物里，辨别真正的入侵者，我们首先要找到植物分类系统中的漏洞及其解决方法，毕竟植物大部分都是调皮捣蛋的家伙。想了解植物就得画好百科图解，但植物根本不关心我们想要什么，净给我们展示破烂玩意儿，叫我们摸不着头脑，看不清真面目。通常情况下，侵略性强的植物种子小、数量多。乔木或灌木生长速度在刚开始时特别快，而草本植物进入新的栖息地以后，能在水平方向迅速扩张。一年生植物在人类活动频繁的地区长得都不错。还有部分植物，体积小、叶子大，基因决定了它们在自然栖息地中属于侵略者，这些植物在冬天进入休眠期，等到春天才会苏醒。当然，侵略性强的植物最大的特点是它们会按时开花，而且花期总是很长，因为只有这样，它们才能比本土植物的繁育能力更强。总的来说，侵略性很强的植物还有一个共同的特点，那就是它们和人类活动常有密切的关联。有时候，我们甚至觉得，它们好像正在煞费苦心，想方设法地配合我们的实际需要和美学追求。

生态竞争好比经济博弈，在特定的栖息地中，入侵者往往会抢夺当地居民的资源，用更迅猛的速度生长。有一种本土植物的生存策略是利用体积较小、富含各种营养成分的种子繁育后代，或者尽可能地扩大树桩的体积。然而，入侵植物会采用相同的策略，向本土植物发起挑战。即便是种子传播速度和生长速度都很快的本土植物，也会面临相同的挑战，因为入侵者的生长速度更快，种子产量也更多。不管有没有阳光，就算在阴暗的角落里，入侵植物也总能长得更好，因为它们品性"坚韧"，更能适应环境。当然，普遍地讲，入侵植物都是原栖息地生存竞争的胜利者。

我们遇到的问题是，园丁想窃取入侵植物的胜利果实。植物在原生栖息地的生存竞争中取得了胜利，具备了所谓的"资质"，然后被卖给新手园丁，或者只注重"快速、简易"的植物爱好者。入侵植物能够适应不同的气候，几乎不用怎么照料，即便土壤的营养状况十分糟糕，也能茁壮成长，而且用不了多久就会开花，花期也很长，容易繁殖、长出新芽，此外，入侵植物很少被当地的寄生虫啃食。对于懒惰的、刚入行的，或者根本不想好好了解"小坏蛋"的园丁，养殖入侵植物无疑是理想的选择。但从生物学的角度来看，这简直就是一场噩梦。"进化"赋予植物不同的特性，崇尚"简单付出就能有收获"的买家对这些植物连连称赞，但凡事都有两面，它们很可能就是入侵者。

要避免和爷爷的朋友犯同样的错误，那我们都应该从自己做起，抵制非法植物进口，退一步说，至少应该确保卖家持有"外来植物出售许可证"，支持植物检疫。如果不能清醒地认识全球网络"点对点"交易带来的危害，那准会出大问题。最近的调查显示，有很多卖家绕开植物检疫手续，在网络平台贩卖市面上少见的植物，有的甚至清楚地标明了这些植物具有侵略性，可能对欧洲的自然环境造成破坏。不过，话又说回来，从南美洲"偷渡"而来的那两株植物，在接下来的日子里，过得并不如意。两个小家伙没法适应当地恶劣的天气，浇水施肥以后，没能变成入侵者。叶片上、花盆中的小小客人和微生物，最后去了哪里，和谁混在了一起，也没人知道了。

像爬山虎一样，紧紧地抱着吧

所有的园丁、专家也好，新手也罢，迟早会犯下一个超级巨大的错误。他们放松了警惕，丢掉了对爬山虎的管控权。爬山虎越过自己的领地，缠上树桩、墙壁，征服一栋楼房。要是有园丁觉得可以用温和的态度对待爬山虎，并且能够轻松地制服它们，那准会吃大亏。爬山虎可以吸附任何物体，包括砖头和树皮，它们能够承受相当于自身重量200万倍的压力。说到这里，我想起来了，自从爷爷不给花园除草以后，爬山虎的"魔爪"就肆意妄为，长得到处都是，逼得我和它们展开了一场拉奥孔式的战斗。我和爬山虎置气，冲大自然发火，过了这么多年，我终于发现，我的一切辛劳不算白费，至少我的经验给植物学、化学和工程学提供了一点点参考。实际上，爬山虎的能力和植物体内的某种液态纳米颗粒有关，这种颗粒类似于黏合剂，可以在植物的主根合成，通过根尖的囊泡分泌。

↗ 爬山虎的不定根，是生物学上的纳米科技

　　正是利用了纳米级液态颗粒，爬山虎才能到处挥舞自己的"魔爪"，嵌入微小而且不规则的缝隙中。单个液态颗粒产生的吸附力十分微弱，但爬山虎分泌的液态颗粒数量庞大，它们像小矮人似的，多方通力合作，最后生擒格列佛。爬山虎需要经历好几个阶段，才能完完全全地吸附在墙壁上。首先，根尖要和墙面形成第一次物理接触，找到支撑点以后，爬山虎分泌黏合剂，和墙面形成化学接触，最后，根部的形态发生变化，紧紧地缠住自己的茎干，与此同时，爬山虎就牢牢地吸附在墙壁上了。整个过程中的每一步都是精心计算过的：主根的行动以毫米为单位，根须以微米为单位（也就是说，比主根精确1 000倍），而分泌液态纳米颗粒比根须还要精确1 000倍。可以说，植物完美地理解和运

用了纳米科技。

刚开始，爬山虎的茎干上会长出许多细小的不定根，这些不定根大约有1 cm。接着，在根尖的位置又会长出许多根须，这些根须都是单细胞结构，可以向外伸展，像小小的触手一样。根须大致可以分为两类，一类的形状像刮刀，可以帮助爬山虎更好地适应光滑平面；而另一类则像开瓶器，能帮助根须抓稳坑坑洼洼的墙面。这种细胞结构体积很小，数量也不需要很多，只要碰到了墙面，就可以激活爬山虎的"吸附系统"。"吸附系统"被激活以后，爬山虎的茎干上会长出更多的主根和根须。用不了多久，根须上的，包括那些没有接触墙面的根须，所有根尖都会分泌出纳米级别的水滴状液态颗粒。这些液态颗粒相互之间是分隔开来的，然而，每一颗液态颗粒都包含了一种特殊的糖蛋白，叫作阿拉伯半乳聚糖。这种糖蛋白的化学结构和果糖（果酱里有很多）差不多，有了这些液态颗粒，爬山虎就可以在攀缘的过程中，运用纯物理吸力，吸附墙面。这些液态颗粒可以产生极其微弱的静电，通过量变引起质变的方式，为根须提供抓力。然而，这一切都和液态颗粒的化学成分无关，而是和它们的物理体积有关。颗粒的大小和液体黏滞性是有关联的，在不产生气泡的情况下，液体可以渗入细小的缝隙中，帮助根部抓牢墙体。同时，根须会在墙面上水平卷曲，这样一来，其他根须也可以用同样的方式，嵌入只有几毫米的缝隙里了。

经过几个小时的努力，完全吸附于墙面的主根和根须会脱水、变干、变短，把爬山虎的整个身体都往墙面拉拢，以此敦促其他的主根和根须按照同样的步骤"工作"。在这个过程中，纳米级液态颗粒起到的作用和刚才不一样了。因为脱水，原本相互分隔的液态颗粒渐渐融会在了一起，爬山虎和墙体实现了真正的化学黏合，二者紧密相连，牢牢不可分割。爬山虎和墙体之间形成化学黏合的过程，和前面我提到的另外一个过程有些相似。刚开始的时候，因为钙离子和阿拉伯半乳聚糖之间存在微弱的吸力，各个分子逐渐结合起来，慢慢地，吸力越来越强，胶体和墙面之间形成了一种新的化学物质。这种化学物质不会因为受冻而开裂，也不会因为酷热而融化。如缆绳可以把船只拖回防波堤，根须可以把茎干拉往墙面。在这之后，镶嵌在墙内的根部纤维组织结合得越发紧密、牢固，爬山虎对外部拉力的承受能力也越发顽强，最后，像我这样的"勇者"就要抓狂了。我一边清理爬山虎，一边安慰自己。我想，都到现在这个年代了，好歹我们可以用相同的蛋白质，在做外科手术时"黏合"人体，况且我们还发明了油漆，能阻碍爬山虎的进攻……我转眼又想，得了吧，这大热天的，我还能奢望点儿什么呢？

降落在地球上的植物

科幻片或八卦新闻里，总有外星生物的影子，要么是邪恶的怪兽，不停地从宇宙边缘跑来，消灭地球上的好居民；要么就是守护神，高高在上，用科学家的眼光观察地球上的一切，尽量不干涉。当然，有的干脆是落在地球上与人类和平共处，或者是被关在地球上的外星囚犯，忍受思乡之苦。老实说，只要提到外星生物及其"生物多样性"，我们首先想到的就是上面这几种外星人，然后就是三头鬼、沼泽怪，甚至《世界大战》（*War of the Worlds*）里的外太空侵略者。可别忘了，还有电影《外星人E.T.》，那个被粗心大意的兄弟遗忘在陌生星球上的外星人。有的外星生物执行任务失败了，所以被流放到地球，也有的愿意自己待着，所以主动跑到地球来了。当然，有的外星生物是原星球最后一批居民。总的来说，荧幕上形形色色的外星生物可以激发观众的同理心。因为人类天生害怕被抛弃，这种痛苦即便用香皂不停地清洗也无法除去。我们尝试着用适当的形式把痛苦凝练、升华，通过电影设身处地去感受。在电影里我们看到那些因为自然法则被迫降落地球的外星生物最终得到了救赎，然而，真正得到救赎的是人类自己。在外星来客眼中，人类的花园永远是敞开大门的。

◉ 伍德苏铁，快打电话回家吧

既然谈到被同类抛弃，降落在地球上的植物，那就不得不说伍德苏铁（*Encephalartos woodii*）了。伍德苏铁是人类（尤其是园艺爱好者）的宠儿，属于雌雄异株植物，全世界只剩下最后1株雄体了。1895年，植物学家约翰·梅得利·伍德（John Medley Wood）在南非诺耶森林寻找稀有植物，恰好发现了伍德苏铁。这个植物学家清楚地意识到，森林经历了人类长达一个多世纪的砍伐，未来不可能找到另外的伍德苏铁，更别说雌体了。因此，伍德把树的吸芽带回去研究了。

现在，绿油油的伍德苏铁孤零零地待在世界各地的植物园里，成了全世界"最难过、最孤独"的树。有的植物爱好者花了大价钱，把忧郁的伍德苏铁请到自己的私人花园里。从基因学的角度来讲，伍德苏铁确实是独一无二的，然而，人类热衷于克隆，拥有伍德苏铁的人不止一个。人类培育伍德苏铁茎干上的吸芽，全世界总共"复制"了500株伍德苏铁。实际上，地球上仅剩的伍德苏铁和外星生物没什么两样，它凭借自身独到的魅力迅速征服了世界，引得无数人为之着迷。伍德苏铁是用来展览的稀有品种，是有待开发的商机，就连我这样的人，都只能大加赞颂，用言语刺激收藏家，勾起他们对伍德苏铁的兴趣和对植物的"偷窥癖"。然而，伍德苏铁在野外环境中，确确实实只有一株了。从某些方面来说，伍德苏铁也许已经灭绝很久了。

伍德苏铁像执勤的外星人，从表面上看，和棕榈树差不多，但实际上，和所有苏铁门植物一样，它们都是"进化后剩余的残骸"。有人认为，伍德苏铁保留了2.5亿年以前古树的部分特征。当时，盘古大陆还没有分裂。到了侏罗纪时代，苏铁几乎占据了整个地球。随着时间的推移，新生的被子植物把苏铁赶出了拥有丰沃土壤的栖息地。被子植物在生存竞争中，侵略性更强，能攻占资源最多的土地。数千年过去了，苏铁的生态位越来越小，零星地分布在世界各地，它们相隔遥远，渐渐地，甲虫没办法再帮忙传粉了。最后，伍德苏铁没办法繁衍后代了。

我们研究了化石，才知道世界上还有苏铁，它们是少数还活着的物种，说得不好听一点，都是"活化石"。和同类相比，伍德苏铁也许是最孤独的，它们已经打算和地球挥手作别了，然而，它们遇见了人类，被赋予了外星生物的神秘感。

◉ 越来越深的执念

人类总是一副创世者的模样，却根本不懂创造，只知道挪用资源，根据贸易、情感和本能的需求，随心所欲地改造大自然。无节制地砍伐森林、污染环境，导致某个物种灭绝，都是人类干的事，结果呢？看到电影中的外星弃儿，我们假装感同身受，好像看见了惹人怜爱的小猫，伍德苏铁一样也得到了所谓的尊重。近几年来，伍德苏铁甚至成了全人类关注的焦点。必须承认的是，我们违反了自然法则，人类对"独特性"抱有越来越深的执念，竟痴心妄想，要创造、改造并且操控自然进化。

伍德苏铁像斯皮尔伯格电影里的外星人，广受追捧。我们想好好地研究一番，搞清楚外星来客神秘莫测的亲属关系。那么，问题来了：世界上仅剩的伍德苏铁是纯种植物，还是杂交配种植物？父本和母本是谁？能强迫它开花吗？有花期吗？开花对它本身有利吗？可以和其他植物传粉受精吗？我们遇到了诸如此类的问题，这也恰恰说明我们正在寻求良方，"医治"残酷无情的自然进化。举一个例子，科学家试图创造自然界中已经不存在的雌性伍德苏铁，通过适当的人工选择技术，获取新的幼苗，让雄性伍德苏铁不那么孤单。实验过程中，需要用其他现存的苏铁，如那塔尔大苏铁（*Encephalartos natalensis*），和伍德苏铁"结合"，再利用从原始父本培育出来的雌性苏铁，和伍德苏铁进行结合。不断重复该过程，直到取得理想的样本。等理想样本开花以后，科学家就可以从雌花提取基因了，这些基因和伍德发现的那株伍德苏铁几乎一模一样。

通常情况下，杂交得到的个体会被当作"原始父本"，以克隆版伍德苏铁的身份高价售出。这种混淆视听的方法，很快就取得了成效。2004年，官方克隆版伍德苏铁被拍卖，以近43 000欧元的价格成交。人类默许赝品交易，成交价格就是最好的证明。不如密谋一场大逃亡，把伍德苏铁打扮成棕榈树，藏在自行车前面的篮筐里，找个月圆之夜，飞往南非的森林。和我们想的也许不同，外星人神秘莫测，总有花花肠子，有时还是个两面派。近来，有遗传学家把1895年发现的伍德苏铁，跟其他形态相似的、可能有亲属关系的植物做了对比，最后发现，这株伍德苏铁可能是杂交品种，不能单独归类。生物多样性是动态变化的，我们想给伍德苏铁起个名字，归好类别，却得到了这样的结果。这也算伍德苏铁给我们小小的报复了吧。

◉ 可怜的外星生物

人类把自然界中已经灭绝的植物保存下来，无论出于同情，还是单纯地想拿来做装饰或研究，总而言之，都是绝非偶然的。当然，特殊案例不少，有些植物虽然算不上"外星人"，却依然得到了人类的关注，享受了外星生物级别的待遇，经过人类插手，这些植物自然灭绝的进程被改变了。举几个例子，轮叶欧石南（*Erica verticillata*）、止泻木（*Holarrhena pubescens*）、美丽莲（*Tacirus bellus*）、糙叶黄耆（*Astragalus robbinsii*）、富兰克林树（*Franklinia alatamaha*）等植物虽然已经步入"进化的死胡同"，却仍深得人类喜爱，被种在公园里，以及热带或温带的植物园里。人类对植物关怀有加，动机却值得商榷。也许我们关注的并不是整个自然系统，而是某一个体，如果是这样的话，那就谈不上"理解自然"了。老实说，这种行为和人类的原始冲动也有关系，所以很难判断其中的对错，也没法了解是刻意的还是无意的。

"孤独""抛弃""忘却"是"异化"的内核，引领我们走进了一个遥远的、被遗忘的、没有容身之处的世界。比起实质性的伤痛，"异化"给我们造成的痛楚大部分是精神层面的。异化者被迫放弃自己的部分优势或特权，向某个世界或无法融入的环境低头，最后沦落到社会边缘。然而，社会边缘有时也会敞开名望和荣耀的大门，让我们这群普通人痴痴地妄想"特殊"。植物世界里同样存在这样的社会边缘，"物种进化"自有一套"灭绝系统"，千方百计地把不能适应环境的植物推向"异化"的大门。

每当此时，脆弱而感性的人类就想改变"大自然"的进程，把物竞天择的淘汰者从窗户塞回去。正因为这些植物游离在地球之外，我们才对它们如此着迷，花费大量的资源和精力，想方设法地把它们从忘川河中打捞出来，包装成明星，甚至替它们乱点鸳鸯谱。要是给这些植物贴上"属于地球"的标签，那我们就不会这么关心它们了。

从生产者到消费者：在菜园里施肥吧

　　在我小学五年级的时候，连着好几个暑假，每天下午我都待在爷爷的菜园里。我得给爷爷搭把手，而且只要我在菜园里，就没工夫到别的地方惹人嫌了。不过，去菜园里泡着最主要的原因是我可以享受难得的自由。一直以来，园丁之间有个不成文的规定，根据这个规定，爷爷允许我冲着花坛或灌木撒尿。他跟我说："这样就算施肥了。"虽然爷爷是这么说的，但我心里总觉得不舒服。我想，随便撒尿可能会破坏草坪，到最后那些菜总会塞到我们嘴里。然而，在那个年纪，调皮捣蛋得到了大人的允许，高兴都还来不及呢，怎么可能轻易放过？关于"在花园里撒尿"这件事，我花了整整36年的时间，才发现了其中的两三个奥秘。举一个例子，这种做法从理论上讲是正确的，但在实践的过程中却是错误的。

　　科学家认真地研究了"用小便当肥料"这种做法，评估了其中的优缺点，并提出了"小便"的最佳使用方案。他们用不同的农作物做了相关实验，包括番茄、卷心菜、南瓜、黄瓜，甚至部分谷类作物（有趣的是，从来没有人用装饰植物做实验）。实验证明，向作物撒尿确实可以起到施肥的效果，虽然比不施肥效果好，但并不意味着比传统化学肥料效果好。科学家指出，在恰当的时间用合适的方法，小便才可能成为植物的肥料。也就是说，"你想在哪儿尿，就在哪儿尿"这句话是错的。

◉ 循环经济

从化学的角度来看，人类用尿液施肥不无道理，因为尿液和化肥一样，富含植物必需的几种基本元素，比如氮、磷、钾等。同样地，粪便中也有这三种化学元素，所以我们还可以利用粪肥。通常情况下，粪肥和尿肥可以混合使用，有的是人工混合制成的（比如用牛粪和牛尿混合制成），有的是自然排泄得来的（比如鸡会将粪便和尿液一起排出）。收集并运用粪便和尿液，把人体代谢垃圾当作肥料，听起来就不太卫生。撇开这点不谈，其实没必要禁止这种传统做法。即便有各种所谓的"禁忌"，但从理论上来讲，已经有许多恐怖的微生物在田野和花园里扎根了，植物早就收到了鸟类及陆生动物的"小礼物"，况且，我们还常用无法饮用的水浇灌植物呢。

人类的尿液中有些成分对植物有益。在纯尿液样本中，氮、磷、钾元素的比例是18∶2∶5，马桶里的尿液经过水分稀释，各元素的比例可能降为15∶1∶3。3种元素中最重要的是氮元素，可以促进植物生长，提高产叶量，加快生物质合成。因此，不管哪种化肥，花园或菜园里用的也好，农业上用的也罢，都要按照一定的比例添加适当的氮元素。虽然我们呼吸的空气已经含有大量的氮元素了，但我们仍然需要用植物可以接受的方式，为植物提供更多的氮元素，比如使用铵盐或尿素。此外，撒尿能帮助肾脏排除人体内部的氮元素。

按年均500 L排尿量计算，每人每年通过肾脏排出的磷元素和钾元素大约有1 kg，氮元素有2～4 kg不等。当然，最重要的还是氮元素。撇开人与人之间的个体差异，以及饮食习惯不谈，1 L尿液中尿素的含量大约和100 g商用化肥相同。人体产生的尿素实际上是蛋白质的代谢废物，因此，饮食习惯不同的人排尿量存在较大差异。这也加大了科学家开展个体实验的难度。部分欧洲国家，比如瑞典，尿素的人均年排放量达到了4 kg；而在肯尼亚收集的数据则少了一半，因为当地居民食用的肉类中，氮元素的含量相对较少。如果清楚地知道化肥中相关成分的含量，就可以根据植物的需求，计算肥料的具体用量。显然，用小便当肥料的时候，这种方法就行不通了。当然，也可以在施尿肥之前先做个体检。总而言之，除了患有通风，用小便给植物施肥还算是个不错的主意。

虽然市面上有尿素卖，但不是哪儿都可以买到的，因为尿素会造成环境污染。尿液就不一样了，不仅零风险，而且只要在有人的地方，就可以弄到。然而，植物可以吸收尿素，人类却不能。如果误食了不干净的蔬菜，准会患上肠胃炎，躺倒在医院。那么，如何利用尿液安全地生产"绿色蔬菜"呢？针对相关问题，有不少科学家已经开始着手研究了。为了解尿肥的功效，近20年间，科学家在世界各地选取了不同的植物，完成了大大小小的几十项实验。例如，科学家在坦桑尼亚种了菠菜，在芬兰种了卷心菜、甜菜、萝卜、番茄和南瓜，在墨西哥种了茴香和生菜，在德国种了燕麦，在中国和越南种了大米和小麦，在瑞典种了大麦和黄瓜。

研究、创意和工业往往相辅相成，在实验过程中，科学家绞尽脑汁，修建了特殊的厕所，用以单独收集尿液，不与粪便混合。这招十分管用，帮科学家简化了后续的净化操作，有利于排泄物的回收利用。需要特别提出来的是，有部分人认为，用尿液施肥会造成卫生安全问题，因为排泄物中含有大肠杆菌，以及少量的其他有害物质。针对这种观点，严格的"垃圾分类"就是最好的反驳。在某些缺少排污系统的发展中国家，实验过程中修建的厕所算得上理想选择了，完全可以保障农业区域，甚至偏远地区的卫生状况。在某些北欧国家，前文提到的厕所可以为森林或人口密度较低的区域提供卫生保障。科学家常常在北欧走访白桦林间的乡村别墅，从那儿收集尿液样本，带回去进行试验。老实说，从北欧地区获取样本，往往能得到最佳的实验结果。

举个例子，科学家在瑞典采集尿液样本以后，研究发现，斯堪的纳维亚地区农田所需的氮肥，20%可以用尿液替代。从理论上讲，瑞典人均年排尿量（250 kg）和当地小麦生长需要的氮肥用量刚好相当。科学家用其他农作物完成参考实验，他们发现，按照人均每日排泄1～1.5 L尿液的标准，每平方米的田地都能保证施肥，据此推算，尿液为每公顷农田提供了40～120 kg的氮元素。运用园艺学相关技术，有的试验取得了令人骄傲的成果。科学家统计好植物的数量，把土地划分成三个区域：一个区域不添加任何肥料；一个区域在生产商的指导下，添加商用肥料；一个区域添加稀释的尿肥，并对田地进行了不同的后续处理。把尿液当作肥料撒在泥地里之前，科学家分析了样本中的细菌含量和营养成分。在作物生长的过程中，科学家对植物生长的速度、叶片的数量、花朵和果实的状况、收获时的重量，以及每单位土地的产量，都进行了严密的监管。另外，植物果实的糖分、色素和香味也在科学家的评估范围以内。

此外，不同环境下收获的果实口味各不相同。为了搞清楚消费者能否分辨果实味道上的差异，科学家准备了另外的实验，要求志愿者蒙上眼睛品尝果实。当然，包括南瓜、黄瓜和番茄在内，所有的果实被可敬的志愿者吃进嘴巴以前，都接受了科学家的严格检查。无论给农作物添加的是商用肥料，还是尿肥，结出的果实都达到了卫生标准，不含任何有害物质。科学家用刚成熟的水果做了测试，也用熟透的水果做了测试，实验显示，志愿者根本发现不了其中有什么差别。也就是说，正常人光靠味蕾，没法辨别嘴里的卷心菜或番茄"生前"到底施用的是尿肥还是商业肥料，或者什么肥料都没加。真正存在细微差别的是农作物的生长速度。刚开始，施尿肥的农作物比施商业肥料的农作物生长得要慢一些，不过，落下的进度会在生长的第二阶段补上，甚至常有提前结果的现象。

变化最大的应该是果实的产量，有的农作物（如萝卜和黄瓜）施肥对产量的影响并不明显（添加尿肥以后，产量才稍有提高）；与此相反，有的农作物（如南瓜）施肥却能让其产量大大提高，不施肥的话，产量会很低。举几个例子：相较于其他两种情况，不添加任何肥料时，甜瓜的产量最低减少25%；施肥以后，番茄和玉米的产量提高25%；如果用尿肥替代商用肥料，胡萝卜的产量将提高10%，黄瓜每平方米的产量提高0.5 kg，菠菜第一次的产量增加30%，第二次的产量增加7%～8%。从化学的角度分析，用商业肥料施肥以后，农作物的含糖量提高了，颜色更好看了，味道也更香了。遗憾的是，我们没法通过味蕾辨别其中的变化。老实说，到底有没有添加肥料，只有精密的仪器知道。

◎ 形式与本质

形式与本质并存，话虽如此，我们首先要谈谈"数量"和"可操作性"的问题。举个例子，种植南瓜时，想要收成最大化，就得分两步施肥：第一周为每株农作物添加约7 L的稀释尿液，此后一周连续3次只添加1 L，每公顷总计添加约110 kg。当然，要想准确把控数据，还得事先精准测量尿液中的尿素含量。

再比如，黄瓜生长前期每10～15天需要约2 L的尿肥。农作物对氮元素的需求量各不相同，用尿液做肥料时，如果以每株农作物为单位,那么番茄需要约20 mL、卷心菜需要约2 L、菠菜需要约80 mL、甜菜需要约500 mL。由此可见,像爷爷说的那样,不做区分随意向农作物撒尿,实际上是不对的。科学家利用常见的蔬菜做了相关实验,参考测量数据和成年人的平均排尿量,以此推算,有的农作物(四季豆、豌豆、生菜)对氮元素的需求较低,每公顷应该施尿肥6 500 L;有的农作物(洋葱、谷物、马铃薯)对氮元素的需求不多不少,每公顷应该施尿肥15 000 L;还有的农作物(番茄、黄瓜和卷心菜等)对氮元素的需求较高,每公顷至少施尿肥23 000 L,才能保持最佳的生长状态。这些数据能帮助我们经营好小菜园或小花园,但放在规模庞大的农业层面,就有些力不从心了。显然,和"坏家伙"打交道,绝没有"免费的午餐",事情总是那么复杂,不能以一概全。像尿液这种"自主生产的"肥料,各元素占有的比例并不均衡,无法满足所有农作物的需求。光用尿肥给农作物补充磷元素,想达到和传统肥料相同的效果,往往是不可能的。

还是以南瓜为例,尿肥无法提供充足的钾元素,不能保证农作物开花,因此,比起尿肥,商业肥料可以让经营者得到2倍的收成,果实的重量也能增加1倍。叶状蔬菜,比如卷心菜,它在生长过程中需要吸收大量的氮元素。而果实类蔬菜不同,需要吸收更多的钾元素,如果农作物体内的钾元素不足,每公顷果实的产量必然会大大下降。好吧,我们又要讲一下数据测量的重要性了。诚然,我们可以用草木灰和尿液混合,以弥补尿肥磷、钾元素不足的缺点。但需要注意的是,必须参考植物的生长需求,按照精确的比例混合,否则,当氮、磷、钾等元素含量过高时,尿肥会污染环境(污染程度不亚于合成尿素)。尿液中各元素的比例是固定的,氮元素的含量总比磷、钾元素高很多,稍不注意,就会造成不好的后果。

实际上，尿液中尿素的含量太高了。爷爷施肥的方法欠缺正确的"形式"，我随随便便的一次小便，并不总有好的结果（尤其是撒在草坪上时）。连着好几天，我孜孜不倦地"施肥"，被我尿过的地方都已经发黄了，显然，发黄的土壤不适合植物生长了，但它周围的野草却更绿、更茂盛了。直到2016年，我读到了几篇很有说服力的文章，才明白"随便撒尿就是施肥了"这种理念，从理论上讲是正确的，但是在实践过程中却有很多误区。

尿液中尿素的浓度太高了，植物能够承受的尿素浓度仅为尿液中尿素浓度的10%～20%。尿液如果不稀释，直接洒在农作物身上，不仅不能为其提供养料，反而会"毒害"了植物。被我的"黄金雨"残害的黑麦草就是很好的例子。尿液直接洒在叶片上，渗进土壤后，导致土壤中氯化物等电解质增多，盐浓度过高。在这种情况下，没有水利灌溉或雨水"帮忙"稀释的尿液不仅对植物没有好处，反而有害。倒是那些没在我"靶心"范围内的植物，刚好汲取了适当的养分。尿液浸入泥土向周边扩散时，被稀释了，这对周围的花花草草是有益的。为了降低尿肥对植物的损害，科学家建议，施尿肥时必须先稀释，不要把尿肥直接浇在农作物上，最好在植株周围10～20 cm处挖个小坑，将尿肥浇在小坑里，这样就不会导致土壤中的电解质过多，"淹死"植物了。

另外，缝纫行业"特殊尺码"的规则（特定尺码的衣服，不可能谁穿都合适）放在植物身上也行得通。施肥之前，要想搞清楚尿肥对农作物到底有没有好处，那就得检测尿液中尿素的含量，以及土壤中氮元素的含量，此外，还要明白农作物需要的量究竟是多少。通常情况下，土壤盐浓度发生异常，耐受性较好的植物（如黑麦草）能迅速适应环境，有的植物（如胡萝卜）对环境要求极高，无法适应土壤浓度变化，导致生长缓慢。爷爷跟我说"你想在哪儿尿，就在哪儿尿"时，没有考虑到的问题，现在我们讲完了。

◉ 把尿液密闭在容器里

我总担心给农作物施尿肥会引起卫生问题，别人也下意识地以为"有问题"，但事实却相反。从卫生角度来看，各项实验都取得了令人满意的结果。志愿者品尝番茄、南瓜、卷心菜和黄瓜以后，没有出现细菌感染的情况和任何的身体不适，哪怕肠胃炎也没有。据说，在整个实验过程中，没有哪个科学家允许志愿者到菜地和田地里随便撒尿。其实，不管有没有掺杂粪便，尿液都不可能是完全无菌的。因此，为管控风险，实验中所有操作都按照严格的程序进行。另外，为降低风险，科学家使用的尿液样本，实验前通常储存在密闭的容器中，并在温度≥20℃的环境里放置至少6个月。

容器中的尿液，有些变成了氨气，具有消毒杀菌的作用。因此，密封操作可以杀死细菌和病毒（比如引发肠胃炎的轮状病毒）。用密闭容器是为了防止氨气挥发，防止相关实验人员吸入，将尿液中的氮元素不多不少地保存下来。环境温度较低时，氨气对轮状病毒的灭活作用下降，引发卫生安全问题的风险就增大了。尿肥不会被直接浇在农作物上，而是洒在植株周围的土壤中。如果菜园里农作物不多，用尿液施肥还是很方便的。如果农田面积宽广，农作物数量巨大，除非在播种前就洒好尿肥，否则操作起来就十分困难了。这也是尿肥无法大规模运用的原因。

科学家给农作物进行施肥实验，在收获果蔬之前，要进行为期25～45天的检疫（时长视农作物情况而定）。检疫结束后，趁着果实还没有熟透，志愿者得赶紧把它洗干净吃掉。需要提出来的是，即便农作物在生长的过程中，和尿肥有过亲密接触，也不用太过担心，因为只要保证收取果实时与最后一次施肥间隔4个星期，感染病毒和细菌的风险就会大大降低。决定参加该项实验之前，志愿者必须慎重考虑，明白其中的风险。如果你确实想参加该项实验，那就要接受相关的尿液细菌检测。当然，这也不是什么坏事，毕竟可以当作一次健康体检。

　　用尿液为植物施肥，只要在操作过程中小心谨慎，严格把控最后一次施肥到摘取果实的时间间隔，避免农作物和肥料接触，保证原尿液样本不和粪便接触，并在适当温度下经过长期保存，同时，保证在消费者食用果实之前，能严格按照卫生安全标准进行相关操作，那么，安全性绝对不比其他尿素肥料差。当然，总有人会皱着眉头想，吃下去的茄子或西兰花，在种植的过程中和尿液接触过。瑞典人特别讲卫生，针对是否愿意使用尿肥这个问题，记者采访过500位农民。调查显示，瑞典人中支持用人类尿液制作肥料的农户占57%，准备购买尿肥，洒在自家田里的农户占40%。刚才提到的皱眉头的那些人，要是知道了这个数据，心里肯定不会好受吧。但愿大家小心谨慎，用对方法，千万不要和我爷爷一样。

在花园里挖一挖，找到"科学"的宝藏

◉ 难以捉摸的地下世界：球囊霉素

　　找到宝藏之前，寻宝者根本不清楚宝藏是什么，到哪里去找，用什么方法才能挖出来。但他们有3件"法器"，分别是多多少少有点传奇色彩的故事、模模糊糊刚好能看的地图，以及勉勉强强将就能用的地质仪器。少了任何一样，寻宝者都找不到宝藏。科学家研究土壤碳物质的方法也和寻宝者寻宝的方法差不多，先假设"宝藏"是真实存在的，接着再行动。最后，科学家在最丰沃的、颜色最深的土壤中找到了"宝藏"。20年前，科学家把"宝藏"定义为由植物遗骸降解形成的、能有效稳定土壤结构的腐殖酸和富里酸相互混合的有机化合物。

　　实际上，这种有机化合物是生物遗骸经过降解形成的碳基化合物，化学结构十分复杂。科学家认为，这种有机化合物在土壤中的含量是评判土壤肥力的唯一标准。我们可以根据相关参数，判断哪种肥料更适合土壤（混合肥料、粪肥或其他肥料）。这种含碳化合物可以帮土壤"补充营养"，贫瘠的土壤也能变得肥沃。如果花园里的土壤过硬、黏性太强，不如试试泥炭和腐殖质混合而成的土壤软化剂。用氢氧化钠才能把这两种物质从矿物质中分离出来，再单独测量元素的含量，可以得到详细全面的土壤成分报告。不过，要是科学家还想从地里找点别的东西，那就不成了。毕竟，没有地图和传说指引方向，没有好的仪器帮忙挖掘，怎么找得到"宝藏"呢？

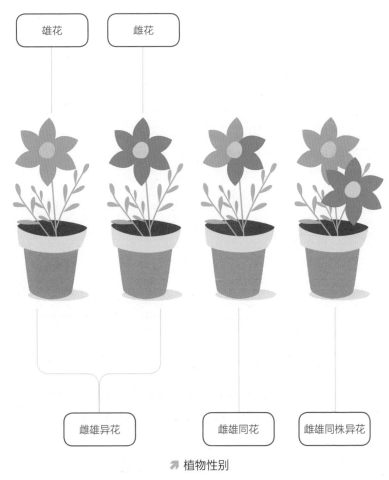

雄花　　　　雌花

雌雄异花　　　　雌雄同花　　　雌雄同株异花

➤ 植物性别

　　有好奇心重的人拿检测结果"对账"，发现对不上。他们用不同的分离监测法重新对土壤进行了检测，竟然找到了"无人问津的宝藏"。他们发现，除了生物降解遗留的"成果"，土壤中还存在其他有机物质，并且含量丰富，有利于植物生长。比如由氨基酸和糖类物质组成的糖蛋白。这种糖蛋白能吸附多种金属离子，储存在分子内部结构中（铁离子含量1%～9%）。像这样的有机化合物还有很多，都是结构相似的蛋白质，我们把它们统称为球囊霉素。球囊霉素能够很好地适应环境，甚至能够适应最恶劣的"生存条件"，且惰性强。科学家常常摸不着头脑，把球囊霉素误认为是矿物质。

球囊霉素不溶于水，耐热性好，疏水性强，可以和矿物质结合，结合得越紧密，它的性质就越像塑料。在草地、森林、田野、树林，甚至沙漠的土壤中，都有球囊霉素的身影。科学家推测，和矿物质分离后，球囊霉素的密度应该为1～100 mg/L。球囊霉素多分布于沃土表层，垂直分布距离地面约几厘米，只有极少数情况，分布在距离地表≥1 m的土壤中。球囊霉素对恶劣环境有很好的抵抗力，能够抵御不同的物理、化学侵蚀，因此，它们往往可以长期在土壤中存活，这种特性是土壤中其他有机物质不具备的。好奇心驱使科学家发现了球囊霉素，球囊霉素反过来帮助科学家经营花园，治理土地。考虑到实际操作和经营成本等问题，科学家表明，适当运用化肥和土壤改良剂，能有效改善土壤质量。

⊙ 我们悠闲地晒太阳，土壤里的"小东西"却日理万机

分解生物残骸是腐生微生物的工作，腐殖酸就是工作完成以后，剩下的"废品"。和腐殖酸不同，蛋白质是生物代谢的基础。可能正因为如此，谁也没想过，能在地下找到蛋白质。能够通过分解有机物汲取营养的细菌、真菌和霉菌并不能分泌球囊霉素。实际上，分泌球囊霉素的不是别的菌类，而是植物的微生物盟友——大名鼎鼎的丛枝菌根（*Micorrize Arbuscolari*）。丛枝菌根属于真菌，种类超过10种，分布广泛，数量大得惊人，地球上，无论在哪个纬度，气候条件如何，都能找到它们的身影。这

种真菌能附着在草本植物和木本植物的根部，与植物形成共生关系。科学家推测，地球上约有80%的植物从"菌根–植物联盟"中获益。

有的真菌靠生物残骸"吃饭"，丛枝菌根则另辟蹊径，直接从植物身上吸收糖类物质，以此来满足自己的生长需求。丛枝菌根生长时，菌丝会合成大量球囊霉素。我们可以好好地了解一下这种共生关系中的利益牵扯。植物通过光合作用，可以合成多种糖类物质。如果把植物看成是投资者，有些植物每年会把超过85%的糖类物质提供给丛枝菌根，这绝对是一笔巨大的投资。菌丝附着在植物根尖，生命短暂。植物在土壤中不断开拓领地时，原来的根尖变成了根须，而附着在上面的菌丝几天后就会死亡。同时，根尖位置会重新长出菌丝。死亡的菌丝降解以后，体内的球囊霉素被留在土壤中，与土壤融为一体。植物延伸根须，单一菌落以此为基础，构建"网络系统"，连接相邻的植物，帮助植物交换资源（菌丝的功劳）。总而言之，单一菌落可以服务和利用多个植物。几经波折，结构繁杂的"植物–微生物超级联盟"就成立了。生命体聚在一起，形成了"宗族"。"生存、生长、繁衍"是它们的目标，无论什么情况，就算遇到险境，它们也能团结一心，共同迎接挑战。丛枝菌根和植物签订了双方互利互惠的条约：植物为菌丝提供糖类物质，而菌丝充当"延伸的根尖"，增加植物与土壤的接触面，帮助植物吸收更多的水分和矿物盐（特别是磷酸盐，如果没有丛枝菌根，植物吸收磷酸盐的数量会降低15%）。菌丝是植物抵御土壤中病原微生物的第一道防线，是植物真正的"门卫"。有句话是这么说的："我给你东西，你也必须给我东西（do ut des）。"话虽如此，丛枝菌根和植物的关系更像是一种双赢的合作关系。菌丝越多，植物汲取的养分越多，就能更好地抵御病原体侵害，适应干旱气候；反过来讲，植物长得越茂盛，真菌汲取的糖类物质越多。退一万步讲，无论如何，真菌都能拿到植物发的"薪水"——糖类物质。

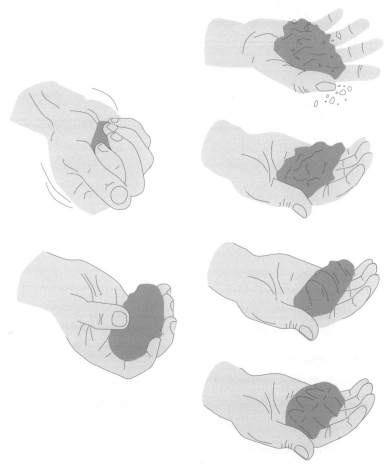

↗ 土壤黏度与有机质含量有关

"宝藏"的真相疑云重重，我们在球囊霉素身上也发现了未解之谜。我们不禁要问：丛枝菌根动用大量"资源"合成球囊霉素，为什么要藏在家里，到死才拿出来呢？科学家发现，植物的根虽然扎在土壤中，且土壤中富含球囊霉素和含碳化合物，但植物并不会"吃掉"有机质。植物无法直接从有机质中提取营养，可以说，植物基本无法吸收土壤中的有机质。但是，如果我们把眼光放长远一点，站在"植物-微生物超级联盟"的立场来看的话，丛枝菌根活着的时候，合成的糖蛋白可以帮助自己抵御外部"压力"，等它们死了，糖蛋白就变成了遗产，和土壤混在一起，间接地帮助植物。

"宗族"代表传统的合作关系，球囊霉素的存在有利于"宗族"世代传承。植物死了，"联盟"就垮台了，丛枝菌根也就死了。土壤中的球囊霉素就像被继承者精心打理的家族遗产，有助于维持现状，保持各方稳定。

◉ 有时候待着别动才好

刚才我们讲到，科学家通过检测花园里的土壤发现了根尖上的菌丝，它们与植物互帮互助，那么，现在我们要讲一讲，土壤是怎么"存东西"的。富含有机质和球囊霉素的土壤，保水效果好，不容易损失矿物盐和微量元素，即便失去一部分水分，也能保持柔软。园丁捧一把泥土，仔细地观察，心里总希望土壤能保持肥沃。因为植物把根扎在土里，依靠根吸收养分，土壤中养分越充足，植物就能长得越茂盛。从化学的角度来看，球囊霉素留在土壤里，对谁都有好处。由氨基酸和碳水化合物构成的球囊霉素分子之间，以及球囊霉素分子与土壤矿物质分子之间，疏水相互作用显著。与此同时，水分子相互结合，形成一张"柔软的网"，具有很强的延展性，可以把黏土粒子和土壤矿物质分子包在一起，就好像用胶水把两样东西粘在了一块儿似的。

把花盆比作厨房里的菜板，把球囊霉素比作菜板上的生蛋黄，而把面粉比作土壤。我们往面粉里加生蛋黄，得到像面包屑似的粉状固体，然而这种固体并没什么水分。继续搅拌以后，生蛋黄和面粉逐渐凝聚成面团，面团质地柔软且具有较强的吸水性。因此，土壤中和球囊霉素结构相似的含碳化合物越多，保水效果就越好。有机质多了，土壤里微量元素就多，也不容易流失，土壤也就肥沃，这样园丁也可以少操些心了。为了降低过度施肥破坏土壤的风险，我们应该减少施肥次数。丛枝菌根死后，释放的球囊霉素在土壤中扩散，附着在矿物分子上。球囊霉素"捕捉"分子，有的矿物分子相互分离，脱水时不发生物理融合（如黏土）；有的矿物分子"黏着性"增加，结合得更加紧密（如沙土）。球囊霉素发挥作用，凝结成块，可塑性增强，使土壤减少了微量元素的损失，结构更加稳定，更耐侵蚀。此外，富含球囊霉素的土壤往往空隙充足，保证了水分和空气能够向下渗透，土壤能够保持松软，有利于根系移动。想靠人工劳动达到相同的效果，园丁就得像机器人一样，不停地耕地、锄地、拔杂草。

对于球囊霉素含量较高的土壤，我们应该适当减少磷酸盐肥料的用量。球囊霉素缓慢促进植物根部吸收氨基酸，有利于稳定土壤氮元素比例。总而言之，有了球囊霉素，园丁既能省钱，又能省力。此外，球囊霉素能够抑制水分蒸发，帮助土壤保湿锁水，正因为如此，植物才能汲取更多的水分。有的土壤球囊霉素含量较低，腐殖质和单宁酸的含量偏高，这种土壤保湿锁水的效果不好，只要观察其中泥炭干化的速度，就什么都明白了。

丛枝菌根和植物关系密切，菌丝活着的时候，能够合成球囊霉素，死后菌丝缓慢降解，能够释放球囊霉素。可以说，土壤中球囊霉素的积累是两股力量共同作用的结果。当然，球囊霉素的积累还和另外一个重要的因素有关，即土壤的耕作强度。实际上，生态系统发生变化，土壤中球囊霉素的含量也会发生变化。人类对土壤的耕作和管控，对球囊霉素的积累造成了一定影响。球囊霉素的身影在沙漠地区几乎看不见，在森林里和长期放牧的大草原上（如美国大草原）却随处可见。最关键的一点是，经过大量耕作的土地，球囊霉素含量会降至最低，不过，只要扔下铲子、耙子，拔掉杂草，土壤中球囊霉素的含量就会逐渐上升。经过长期耕作的土壤，丛枝菌根少得可怜，就好像丛枝菌根故意避开了芸薹属植物等"植物家族"。

有的菜园、花园荒废了很久，没被铲子和锄头翻动过，土壤中球囊霉素的含量逐渐上升，约15年可以增加1倍。有的土壤频繁耕作，球囊霉素的含量就会迅速下降，只用1年，土壤中球囊霉素的含量就减少了30%，到头来，土壤需要连续施肥才能补充微量元素。很明显，这种情况下菌丝无法生长，数量不断下降，土壤肥力连续降低。植物本来可以通过其他途径吸收有机养分，我们偏要强迫它们靠肥料过活。

球囊霉素像一面镜子，能反映土壤的健康状况。不仅如此，在碳循环中，球囊霉素也发挥了重要作用。例如，在维护良好的土壤中，球囊霉素的总质量是腐殖酸的4倍，对二氧化碳的捕捉能力是腐殖酸的24倍。土壤储存的碳元素27%来源于球囊霉素，是腐殖酸的3倍以上，因此，球囊霉素是腐殖质最重要的组成部分。此外，菌丝释放球囊霉素是土壤积累二氧化碳的主要途径之一。二氧化碳经过光合作用，先固定在植物体内，然后和糖类物质一起转移到附着在根尖的丛枝菌根体内，最后，丛枝菌根死亡，二氧化碳就留在了土壤里。

在花园里少对土壤动手动脚，好好享受一下"懒惰"吧。什么也别做，别碰泥巴，别耕耘，让多年生植物随便长，这是我们在花园里让球囊霉素含量增加的最好办法了。看见我们"赞美"

懒惰，那些不管事的园丁觉得他们找到完美的托词了。

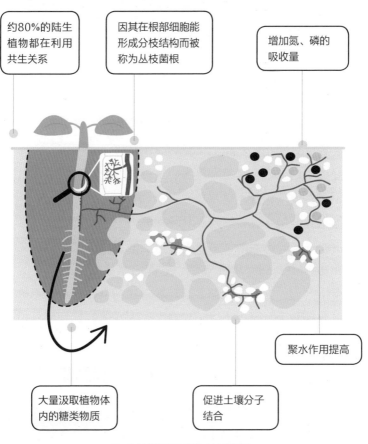

约80%的陆生植物都在利用共生关系

因其在根部细胞能形成分枝结构而被称为丛枝菌根

增加氮、磷的吸收量

聚水作用提高

大量汲取植物体内的糖类物质

促进土壤分子结合

↗ 丛枝菌根和植物关系密切

泥炭的处境不太好

100年前，报春花属植物和玫瑰扦插苗坐的"长椅"着实重得不得了。被填满土壤的陶瓷花盆，重得简直没法往别的地方运。随着科学技术的发展，容纳植物的器皿（有的是用压榨纸板做的，最常见的是塑料做的）变得越来越轻了，园丁、商人和植物爱好者都用上了升降机和汽车。这样的变化让搬运工作虽然轻松了很多，但钱包却不堪重负。只要翻一翻"财务状况表"（以前我们只算经济账，现在还要算环保账），我们就能发现，大家正在想方设法降低器皿的重量，尽可能减少汽油的消耗。我们总想少出力、少花钱，解放双手，把苦活累活交给机器去做。当然，事情办成的同时，能够不给环境造成污染，就再好不过了。我们在容器身上，已经下了不少功夫，现在要好好地想一想，怎么从"容器内部"下手。我们想在英国、荷兰（这两个国家是园艺和"植物贸易"的发源地）找到一种更轻、更经济的自然"填充物"。

要求挺多的，你说巧不巧，我们刚好找到了集"黑色"和美观于一身的泥炭。泥炭吸水能力强，能有效改善土壤质量（有机质含量较低的黏土和沙土），使土壤既不过分黏着，也不过分松散，帮助土壤锁住营养成分。自20世纪70年代起，园艺业蓬勃发展，园艺产品逐渐商业化，泥炭彻底改变了我们运输植物的方式。现如今，哪里都能找到泥炭的身影。除开植物运输，我们在保存种子、培育盆栽时，往往需要施加堆肥，而堆肥的原材料有1/3～2/3都是泥炭。泥炭有很多优点，它重量轻，颜色和黑土相似，容易压实。虽然保水期有限，但要满足植物在运输过程中的生长需求，也算绰绰有余了。泥炭能软化土壤，影响有机质转化速度，帮助植物吸收营养（功能类似于灌木丛脚下的腐殖质），降低微量元素损失。

通常情况下，泥炭呈酸性，所以，山茶属植物和杜鹃花属植物更适合种在加了泥炭的土壤中。然而，自然界里有许多酸性植物并不长在泥炭沼泽里，反而长在了不含石灰岩的土壤上。和泥炭一样，不含石灰岩的土壤pH低，富含惰性有机物质，吸水性强。当然，泥炭还有别的特点。泥炭质地柔软，能有效保护植物幼嫩的根系，减少根系生长时遇到的阻碍，有利于植物快速生长。用泥炭做"填充物"，收拾起来非常方便。而且，泥炭成本很低，同时具有不菲的商业价值，因此，泥炭得到了广泛使用。5年前，英国的家庭园艺师一年中消耗的泥炭，加起来总共可以装满2 400万辆花园手推车。最后，我想说的是，泥炭只有安安静静地"躺在"土里，才能发挥它自己真正的价值。

◉ 吸收二氧化碳的能手

植物残体（苔藓、泥炭藓、生长在寒冷环境中的石楠属植物和其他热带植物）在潮湿的环境条件下，降解沉积形成泥炭。泥炭沼泽看起来像未经开垦的沿海草甸或山区草甸，自然排水能力差，植物残体降解时无法和空气接触。沼泽中，位于剖面上层的植物比位于下层的植物生长速度快，剖面下层深度约2 m处，有植物残体降解，积累了大量有机物。

我们可以戴上"眼镜"，通过两种视角——"园丁视角"和"自然学家视角"观察泥炭的积累过程。在园丁眼里，泥炭沼泽蕴含理想的肥料，如果花园里的土壤缺乏有机物质，可以用泥炭给植物"补充营养"，同时，用上了泥炭，整个盆栽的重量都轻了不少。在自然学家眼里，泥炭沼泽是一个温室气体调节系统，可以有效地调节二氧化碳的循环，裸露在沼泽外部的植物进行光合作用，内部有植物残体降解，光合作用速度快，降解速度慢，因此，泥炭沼泽从大气中捕捉、吸收的二氧化碳比排放的二氧化碳多。

泥炭土面积约占地球表面积的3%，在欧洲，泥炭土面积达到了50万km²。也许有人说："看起来还挺多的。"可我们必须明白，人类不应该擅自开采泥炭土。提倡环保的人说，可以适当开采。实际上，人类开采泥炭土的次数应该远比这些人嘴里说的"适当"还要"适当"。为什么？空气中的二氧化碳经过多种渠道，被吸收转化，占地球表面积仅3%的泥炭土，从空气中吸收的二氧化碳占吸收总量的1/3，约合5 500亿t。在捕捉二氧化碳方面，每公顷泥炭沼泽相当于4片森林。前文已经说过了，在英国，家庭园艺师每年消耗的泥炭可以装满2 400万辆手推车，我们换算一下，泥炭被消耗了，等同于30万辆汽车排放了二氧化碳。

泥炭的人工开采对自然环境造成了巨大的影响。我们清除地表植被，抽干沼泽积水，进行露天挖掘，开采泥炭的同时，也毁掉了沼泽环境。泥炭沼泽的自我修复能力较弱，再生速度极慢，往往无法恢复如初。以每平方米为单位，泥炭沼泽生长速度约为1 mm/年，而人工开采的推进速度为25 cm/年。在欧洲，环境不完整的（包括被开采的）泥炭沼泽，如果恢复到最初的模样，二氧化碳吸收量等同于整片大陆土壤二氧化碳排放量的75%。此外，农田和牧场的二氧化碳排放量只占总量的2%。

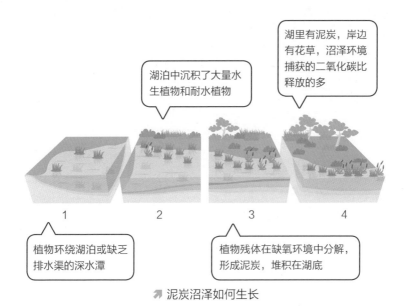

湖里有泥炭，岸边有花草，沼泽环境捕获的二氧化碳比释放的多

湖泊中沉积了大量水生植物和耐水植物

1   2   3   4

植物环绕湖泊或缺乏排水渠的深水潭

植物残体在缺氧环境中分解，形成泥炭，堆积在湖底

↗ 泥炭沼泽如何生长

　　开采时，泥炭暴露在空气中，大自然一改脾气，不再慢吞吞了。泥炭在空气中加速分解，每立方米可释放50 kg二氧化碳。泥炭可以用来制作燃料、耕种田地、施工地基，因此，我们不断地开采挖掘，泥炭沼泽的面积急剧萎缩。19世纪末，英国共有2.7万hm²泥炭沼泽，其中仅有9 000 hm²未经人工开采；爱尔兰原本有30万hm²泥炭沼泽，数量急剧下降，现在只有2.5万hm²了。泥炭沼泽被破坏，生活在沼泽地的动植物，也都遭遇了"重创"。

　　媒体对泥炭沼泽不感兴趣，因为湿漉漉的泥炭沼泽，没有热带雨林那么"性感"，没有珊瑚礁那么"耀眼"，也没有山林那么"时髦"。我们不停地破坏泥炭沼泽，就为了取一点泥炭用在花园里。泥炭积累以后，最好留在沼泽地中，所以我们应该想别的办法，找别的材料，来减轻花盆的"负担"，软化贫瘠的土壤。要找到合适的材料替代泥炭，过程相当缓慢，慢得就像二氧化碳积累似的。实际上，树皮混合木业废料、椰糠混合堆肥，都可以拿来替代泥炭。还有一种材料，叫"生物炭"，是模拟、加快自然沉积，人工合成的。当然，最讲究的办法是使用软土。20世纪70年代以前，软土得到了广泛使用，它由一定比例的沙土、黏土、淤泥混合制成，有时为了增加有机质的含量，还会添加干枯的碎叶。英国政府希望到2010年，全国泥炭使用量降低90%，然而，这项指标远远没有完成。为了保护伊丽莎白女王公园里的泥炭沼泽，英国政府采取了一系列措施来限制泥炭开采。不过，在市场需求的引导下，商人正在从其他地方开采泥炭，比如从加拿大开采泥炭。目前，加拿大是世界上最大的泥炭生产国，年产量超过100万t。

企业很难迅速做出改变，植物爱好者就没有那么倔强了，他们乐于接受新鲜事物，改变自己的习惯。有的国家十分重视环境保护，支持用别的材料替代泥炭。不过，我们仍然有很长的路要走。最近的一项调查显示，在丹麦，有20%的植物爱好者已经意识到，应该用可持续材料替代泥炭。诚然，泥炭土正在消失，园丁消耗的泥炭屈指可数，相比起来，化工制作燃料，混合土壤制作农业肥料，消耗的泥炭要多得多。仔细想一想，既然有了功能差不多的、可持续的替代材料，我们还要不断地开采泥炭，这简直没有道理。

第三章

秋　天

"奥勃洛摩夫"的花园与"恰佩克"的花园

　　花园世界丰富多彩，包罗万象，花园可以给我们的经济和环境带来巨大的影响，但是我们没有建立起关于花园的独立科学，也无法从农学和生态学中借鉴经营花园的经验。如此一来，花园就变成了穿哥哥姐姐旧衣服的小孩子，不管衣服过时没有，自己是不是喜欢，只要衣服大小合适就可以穿。老实说，我们用在复杂栖息地身上的生态动力学并不适合用在花园这样的简化环境中，我们对花园没有对农业耕地那样的经济需求，对它的美学要求也受到了城市环境的限制。经营城市花园和农业耕地时，我们的做法有很大的不同。农业耕地表面平整，种植的作物品种统一，我们可以根据土壤的情况和当地降水量，计算最适量的水和肥料，把管理成本降到最低。

　　花园里的土地凹凸不平，没有明确的"规划"，我们想怎么用就怎么用，各种植物都生长在同一片土壤中。我和爷爷曾经有过很多分歧，我们都犯过错，其中的缘由主要是我们经营花园和耕地的理念不同。我们最后发现，各自的经营方法和问题解决方案，都不能真正地满足花园的需求。因此，根据实践经验建立花园相关科学理论是非常困难的。最近我在不断地反思，爷爷那一辈经营花园的方法和我们这一辈有什么区别。爷爷有自己的朋友，他们常常坐在椴树底下乘凉、聊天；我也有我的朋友，尼古拉在经营花园这方面很有经验，他的脑袋里总装满了奇思妙想。他到花园里找我，脱掉鞋子，坐在草地上。我的上衣已经被劳动的汗水浸湿了，他冲着我笑，说了一句文学格言："我喜欢工作，它使我着迷，我能够对着它坐上几个小时。"尼古拉远离城市，创造了自己的田园新生活，运用平生所学，照料各种植物。我像爷爷一样开垦花园，浇灌草坪，除杂草，扫落叶。可尼古拉却嘲笑我，他声称，现代园丁的楷模应该是伊利亚·伊里奇·奥勃洛摩夫（Il'ja Il'ič Oblómov）。奥勃洛摩夫是俄罗斯同名小说《奥勃洛摩夫》的主人公，生活懒散，整天躺在沙发上混日子。

我知道一个人，既有文艺范儿，又有园艺范儿，形象和尼古拉口中的"奥勃洛摩夫"截然不同，爷爷的书架上还有他的书呢。时至今日，他的作品仍然激励着许多人，他就是捷克作家卡雷尔·恰佩克（Karel Čapek）。他在《园丁的一年》（Zahradnikuv rok）中谈到过自己，奥勃洛摩夫式园丁享受舒适慵懒的生活，而恰佩克式园丁往往跃跃欲试，勤勤恳恳地打理自己挚爱的花园。他们想让自己的花园变得更加美丽，所以种植观赏性植物。为了获得更大的成就感，他们探索最新的培育方法，不断地和大自然做无谓的"斗争"，定期改造"花园游乐场"，以此满足自己的审美欲望。恰佩克之所以出名，并不是因为他的园丁身份，而是因为他用强烈的自嘲语气，批判人类对科技的利用，创造了"机器人（robot）"这个词。然而，花园和其他人类创造的物品基本上都是创造者自己的投影，恰佩克的"机器人"走到最后可能会"脱轨"，成为人类的化身，再也把握不住分寸了。

◉ 精心铺设的花园小径

花园是个性的投影，可以体现园丁的身份，需要展示给别人看。此外，花园还是递给客人的第一张"名片"，是室内装饰的延伸，园丁可以用它彰显自己的社会地位。经济学家认为，花园是位置商品（positional goods）的一种，位置商品的主要作用就是显示拥有者的社会地位。我们是如何选择园林风格的呢？就此问题，行为学家进行了深入的调查。他们发现，有一种平行关系可以很好地解释，我们的内心世界和外界究竟存在什么样的联系。比如对内部装饰要求很高的人，喜欢把花园打理得井井有条，甚至把花园里的高要求完整地"移植"到现实空间和精神空间。

这些"高要求"的人认为，只要我们看见了花园，就能预估住宅内部的"经济价值"。研究者指出，花园不是面向世界敞开的窗户，而是引领我们通向"个性"内部的半掩的大门。有的人喜欢没怎么打理过的、充满野性的花园，他们希望被别人发现、被别人理解。"高要求"的人完全不能理解"低要求"的人，他们认为，没有经过精心设计的、毫无结构层次的花园，已经把主人的消极态度体现得淋漓尽致，只有细心照料花园，才能体现出主人的积极态度。

研究表明，这种两极分化现象分别代表了两种极端。其中一种是"传统"的极端，和恰佩克的描述差不多，园丁把花园看成一个"独立之地"，是与周围的环境相互分离的。在此基础上，园丁"悖逆"自然，给花园强行塞入一些新的"内容"，包括了当地文化、社会动态、自身对威望的需求等。"传统"的花园需要无限量的水、肥料和除草剂，才能达到园丁预期的美化效果。要想好好地经营"传统花园"，我们不仅需要学习各种专业知识，还需要花费大量的时间。

我们生活在"时间就是金钱"的时代，竟然有人煽动我们照料、维护绿色花园，精心培养优美的景色，让我们觉得，拥有四季常青的花园好像是一种炫耀。有的人整年都保持古铜色的皮肤，好像他们特别有钱，一直在晒太阳根本不用工作。另外一种则是"非正统"的极端，园丁抵制园艺推广者和科技对园艺的支持，他们坚信，自己的行为能够弥补人类活动对大自然带来的负面影响。从这一点来说，"非正统"园丁和"传统"园丁的态度倒有一点相似，他们用不同的方法规划土地，但各自的目的却是相同的。"传统"园丁倾心于农学，往往会选择更具表现力的植物，"随随便便"给一点养分，就可以生长得很好；"非正统"园丁偏向于生态学，他们对自然抱有极大的热情，希望减少灌溉和施肥，让原生植物自由生长。

和其他人类活动一样，园林绿化对自发性植被和动物、微生物造成了影响，并且"调节"了水、空气和土壤的质量，改变了生态系统动态。谈及生态环境（比如森林），我们经常使用"生态系统服务（ecosystem services）"这个词，来表达自然栖息地给人类带来的好处。修路、建造棚屋、种植葡萄抑或伐木，人类的活动直接破坏自然栖息地，当生态环境恶化以后，"好处"就变少了。大自然留给我们的"遗产"包括了水供应、空气净化、废弃物自然循环和相关利用、土壤成型、授粉、碳捕捉、气温调节等系统，以及生物多样性。恰佩克园丁以此为基准，给花园美学打分，而奥勃洛摩夫园丁则躺在沙发上，认真地思考这些"遗产"。尼古拉说，野外测量得到的数据可以用在花园里，有了这些数字，我们可以把"定性"改为"定量"。虽然有的研究成果不是特别"内行"，但至少用讲故事的方法引导了个人和集体的选择，让我们明白，经营公共和私人花园时，哪些事可以做，哪些事不可以做。

尼古拉说，这就是他要把沙发摆在草坪上的原因。他想按照科学的方法，准备好一切，最大限度地减少人工干预，降低除草、翻土的次数，有组织地安排花园里的"绿色客人"在各自的岗位上劳作，顺便省去自掏腰包购买相关用品的麻烦。我多次告诫他，奥勃洛摩夫可能会被大自然吞没，毕竟，在被杂草包裹、被昆虫啃噬的沙发上醒来，不是什么好事。听我这么一讲，尼古拉开始犹豫了。我不想承认自己的观点是错的，我想用自己的观点说服所有人。正是怀揣着这样纠结的心态，我开始了相关研究。

◉ 私人花园

我继承的花园占地约0.5 hm^2，算得上住宅区的"头号人物"了。我们家附近的每座花园，业主都有自己的风格，有的是草坪美容师，有的是追求随性浪荡子，有的无论做什么，自家的花园都能枝繁叶茂，有的种植番茄，收获满满。小区的花园交叠在一起，形成大小不一的绿色"马赛克"，潜匿在建筑与建筑之间，像廊道、像岛屿，被马路阻断，零零散散地分布在城市里，叫我们没法忽视。我有些疑惑，这些绿色"马赛克"正在一点一点地占据城市的空间，那它们的面积有多大？邻居的园艺都有些什么用呢？很多国家没办法具体估算，但也有例外。举个例子，大家都知道，比利时私人花园的面积占国土面积的8%，这个值并不比森林占比低多少，森林的面积占该国国土的10%。这个数字是靠中小型城市和农村"绿化"支撑起来的，随着非城市化地区面积增长，花园的面积占比数会明显降低（在英国，广义上的花园约占国土面积的3%），在中欧地区也是如此。如果我们只看人口最密集的地区，比如英国，私人花园的面积约占城市面积的25%。

据估算，西方国家的城市花园面积占比从16%（斯德哥尔摩）到36%（达尼丁）各不相等。树木面积占城市花园面积的10%，其他植物占30%，草坪占60%。虽然这个数据不能说明什么问题，但至少可以帮助我们对比、理解一些内在的东西。在美国，草坪（装饰或体育行业使用的）占地800万～1 600万hm^2，相当于全国面积的1%～2%，预计未来25年内将增长80%，增长率远远超过棉花种植面积增长率。美国超过9 000万户家庭拥有花园，其中约85%的家庭选择自己打理花园。拥有花园的地区往往是美国农作物灌溉最多的集约化城市，照料花园已经不单单是"私事"了。近几十年的调查显示，虽然我们的出发点是好的，但过度使用化肥和除草剂，以及过度灌溉，已经给环境造成了巨大的损害。

很多人可能没有意识到，按照自己的习惯照料花园，会污染环境。他们的行为和农业上的单一栽培差不多，都是不可取的。说到单一栽培，我只想插嘴一句，巴黎及其周边地区的草地，85%都是由黑麦草（*Lolium perenne*）这种单一植物组成的。

私人花园已经陷入"兵临城下"的窘境了。像英国这样有众多传统私人花园的国家，城市人均花园面积在几十年内已经从超过200 m²减少到不足100 m²了。这不仅仅是因为越来越多的建筑占用了原本属于花园的土地，还因为"业主"那些小小的"创新"。有报告显示，伦敦市政府在过去的10年里，征用花园（有草坪、有花坛）的数量已经翻了三番，约1/4的屋外草坪被改建成了停车场。花园丢失"领土"，影响的不只是城市美观。有科学家在1974—2004年，监测了英国利兹市改建花园的情况。他们发现，花园改建以后，土壤的排水性大大降低，城市积水的风险增加了13%。实际上，排水性土壤面积每减少20%，暴风雨来临时，街道的流水量就会增加1倍。这得怪我们自己，是我们要修停车场的。除此之外，我们大可以怪罪电视节目《你来做》（*Fai da te*）。这个电视节目不是教我们园艺技巧的，而是向懒人推销地板、门廊、围墙的。有了这些东西，懒人就不用维护花园了。好吧，明白了植物的真正需求，奥勃洛摩夫式的懒鬼肯定能心满意足地继续懒下去了，当然，他们还省了掏腰包的麻烦。

我们眼里只有草坪

　　掌管"绿色空间"的人觉得，浇水是最重要的，也是最烦人的事，因为植物总需要喝很多的水。想要打理好花园，我们首先得做到定时浇水。然而，现代人工作忙，他们没有更多时间浇水，甚至觉得不浇水等于节约水资源。从世界各地收集到的数据显示，拥有私人花园的人并不在乎水费有多少，他们灌溉花园的开销都快赶上农业耕地的用水支出了。在澳大利亚，很多家庭的花园里种植了并不适合当地气候的植物。在夏天，有60%的家庭用水被用于灌溉草坪，因为那些植物如果不用大量的水浇灌，它们是无法生存的，更别提起到装饰作用了。美国和澳大利亚的情况差不多，由于气候分区和土地所有人的阶层差异，这个数据在40%～70%浮动。西班牙也有类似的情况，用于草坪灌溉的水资源，年消耗量超过了家庭用水总量的40%，在夏天这个比例最高时更是达到了70%，这相当于每个城市花园平均日消耗$1m^3$的饮用水。尽管饮用水价格低廉，但是从经济和环境的角度来讲，上面提到的数字都很重要，因为所有饮用水都是通过自然循环收集、处理、净化和分散的。当然，植物渴了，我们还是得好好地浇水，种植植物又把植物渴死，无疑是一种悲哀。

　　其实，从很多现有的调查结果表明，我们提供给植物的灌溉服务从来没有少过。在美国，实际灌溉量通常是植物需求量的150%；西班牙地区的测量结果和一些炎热地带的测量结果一致，超过60%的花园主给植物的灌溉量远远超出了它们的实际需要。在一些西班牙城市，灌溉用水量几乎是花园实际需求量的3倍，这个数值往往和土地面积成反比（土地面积越小，花园主人的主观性评估越不正确）。此外，灌溉过量值和灌溉者的经济能力成正比，富有的人用在花园里的钱，可以高出平均水平30%。花园和农业耕地之间始终存在差异，当我们谈论这些土地对环境的影响时，往往会忽略这些差异。因此，我们再进一步对比一下。花园里的用水量几乎是同一地区农民用来浇灌苜蓿和玉米时用水量的2倍。实际上，农民在考虑种植成本，配备自动灌溉系统以后，农作物就没有被过度浇灌了。如果花园主能够多多关注花园经营成本和收益之间的比值，不要过高地估计植物对水分的需求，那么，无论从经济的角度来说，还是环境这一方面，都会收到良好的效果。就像我的朋友尼古拉说的那样，找到最佳解决方案可以节省大量时间。

◉ 躺在干燥的环境里，安静地睡吧，你的园丁把一切都安排妥当了

"第10行，填2个字：关于草地流失的水分，是土壤蒸发和植物蒸腾作用的总和。"填字游戏里有这么一段话，正确答案应该是"蒸散"，它的作用之一是把过量灌溉造成的浪费降到最低。灌溉时，我们必须清楚，大部分植物喝水是为了"出汗"，也就是说，植物吸收水分是为了能够流失水分。看起来，这显然是自相矛盾的，但根部吸收的水分仅有3%用于生物机器的正常运转，超过90%的水分都经历了蒸腾过程，通过叶片流失了，植物这样做是为了捕捉更多的水分。植物用可控的方式，从树冠中除去水蒸气，同时产生足够的吸力，把水分从土壤中朝地心引力的反方向"转移"。在很多情况下，水分可以被植物"转移"到相当高的高度。只有准确地知道，植物通过蒸腾作用流失的水量，以及土壤蒸发时流失的水量，我们才能既不浪费水，也不渴着植

物，做到正确灌溉。

从理论上来讲，水分转移是一个很简单的操作，然而，植物面对复杂的情况时，总能做出一系列调整，让我们手足无措。真希望我们有一份数据精确的通用表格，记录着各种类型的草坪灌溉时需要的用水量，如此一来，我们就可以不用浪费哪怕一滴水了。可是，蒸散作用是由各个物种的特征，以及生长环境的条件共同决定的，因此，我们要考虑的因素还有很多，比如气温、湿度、风速（风速为20 km/h的微风可以增加50%的蒸散量）、日照和土壤锁水的能力。举几个例子，一棵大橡树每年可流失约15万L的水分；在波河平原，长满10 cm高的禾本科植物（gramineae）草场，夏天蒸散量达到4～6 L/m^2。可以这么说，每种植物在适应环境的同时，都在找寻自己的平衡点。从本质上来说，植物应该在大自然中，根据环境条件进行自我调整，但在花园里，植物需要被迫达到平衡。比如我们迫切地想把英式草坪移植到西班牙梅塞塔高原上，企图人为复制充沛的降水量和理想的蒸散量。

显然，我们可以采用别的方法，降低数十倍的用水量，比如我们可以增加土壤中的有机物含量，或者减少对植物生长的干预，以及种植当地植物等。但是，研究者指出，造成浪费的主要原因在于花园主对植物的灌溉需求没有正确的认识，也就是说，花园主从主观上判断，草坪已经缺水了，这种想法促使了他们过度灌溉。那么，最有效的解决方案是配备自动喷水器，并且根据当地的历史降水量，每月进行一次校准。在多项测试中，以不严重影响草坪美观为基准，用水量节省了40%。老实说，花园主单靠自我感觉，给植物设定灌溉量，造成了和想象中截然相反的结果，徒然浪费了50%的水。恰佩克式园丁不乐意了，他们对科技有所顾虑，但真正的奥勃洛摩夫式园丁已经从科学技术那里捞到了好处，他们灵活地把科技和花园结合起来了。

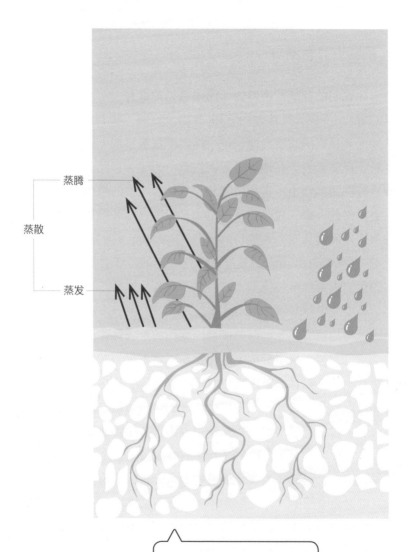

蒸腾

蒸散

蒸发

灌溉量应该和蒸散量保持平衡

↗ 植物中水分的转移

◎ **植物究竟有多高?**

在我们的视线范围以内（肉眼可见的部分），一棵桃树大约有 3 m 高，一棵天竺葵大约有 30 cm 高。然而，我们只测量了植物从地面到顶点的高度，却忘记了植物不仅会在阳光照得到的地方生长，还能生根，在地下世界中探索。正因为如此，我们才会用源自牧场的多年生禾本科植物修建草坪，它们的根会牢牢地抓住土壤，如此一来，建好的草坪结实又耐踩。这些植物经过频繁地修剪，反而能长到令人惊讶的高度，有时候，它们甚至可以长到 3 m 高（从根部到顶点的长度），这完全颠覆了我们对植物的刻板印象。根部的生长范围很广，纵深较长，这对于植物来说，是必不可少的生存本领。

植物的地下部分可以把能量以淀粉的形式保存起来，既不会被割草机割掉，也不会被牛吃掉，在雨水不足的时候，还可以帮忙拦截水分。栖息地条件理想时，降水丰沛，植物伸长根部，从地底汲取水分。这种类似于机会主义的做法是植物在花园里生存的必要手段，把根部深深地扎在土壤中，是植物遇见干旱时的生命保障。距离地面 1 m 多深的土层足够湿润，完全可以长期给植物提供水分，因此，蒸发带给植物的水分损失和植物对浇灌的需求，都通通降低了。

搞清楚雨水或喷水器里的水落地进入土壤以后的路径，可以帮助我们解释各种现象，分辨哪些行为是不正确的。浇水时，水分逐渐渗透，进入每一层土壤，当第一层土壤完全浸透，达到饱和以后，水分才进入下一层土壤。通过这样的方式，土壤中形成了一条"湿润战线"。土壤的密度不同，水分渗透的速度也不同：水分在黏土中的前进速度最慢，在沙土中最快，在富含有机质的土壤中，速度刚刚好。根部吸收水分几乎全靠根尖，因为根尖上长了无数的根毛，根毛可以吸收水分。在灌溉方式正确的情况下，水分渗透现象会对植物产生巨大的影响。如果我们给草坪提供的灌溉量只有植物需求量的一半，那么水分只能浸润表层几厘米的土壤，根尖根本吸收不到，换句话说，水分都会被蒸发掉。此外，如果我们经常用少量的水湿润地表，那么根会在相应的刺激下横向生长，占据地表以下几厘米深的位置，因为那是最有可能找到水的地方。

↗ 植物测身高，也要测地下部分

如果只是偶尔给土壤浇灌足够的水分，植物的根部会向深处蔓延。草原或高山草甸上，这种现象最为常见，因为植物需要给自己找到生命的保障，以备不时之需（应对干旱）。根系在土壤浅层中横向生长，代表着植物对环境的完全依赖，一旦我们停止灌溉，生长得太浅的根系就没有了可采集的水分，植物就遭殃了。因此，我们越是少量、频繁地灌溉，越是发现每天晚上都必须浇水，从而浪费更多的水。我们总觉得，羊茅草坪需要每周浇水3次，才能蓬勃生长，提升新芽的活性，殊不知，这已经超过了它们对水分的实际需求量。和每周只浇1次水的草坪相比，每周浇3次水的草坪蒸散量更大，新根长出来时，它们需要消耗的资源更多，因此，叶片再生时，就没有足够的资源了。结果，每周浇3次水的草坪需要我们更加频繁地灌溉，用以支持其各种生长活动，弥补根部发育不足带来的缺陷，它们变得越来越依赖主人；而每周浇水1次的草坪，因为饮食清淡，变得十分强壮。植物都是捣蛋鬼，它们完全明白，怎样才能适应环境，如果我们不想浪费时间和资源，那最好多多了解它们。

◉ 超时空花园

爷爷管理花园的时候，全家人都能享用从菜地里收获的水果和蔬菜。我们下楼摘2个番茄，1棵生菜，用水冲一下就可以吃了，实在是方便。有一回，我在工具棚里发现了1瓶农用杀虫剂，那是爷爷私底下弄来的（必须有临时执照，才能在自家使用），每周悄悄地用3次，听说可以对付可恨的腹足类动物。要想安全地使用这个产品，就得费点脑筋，规规矩矩遵守这样那样的条例。然而，爷爷总把"安全条例"抛在脑后。据统计，类似的行为还有很多，尼古拉以前跟我讲过，有一种植物营养补充剂，很多园丁在用的时候，做法和爷爷差不多。在西方国家，大约有60%的花园主靠这个产品改善草坪状况。诚然，和我们刚才讲的灌溉情况一样，问题不在于"使用"，而是在于使用的程度和方法。

我们很少记录关于这些产品使用强度的数据，因此，也无法表明我们到底有没有正确使用这些产品。使用天然的或合成的化学物质防治害虫和寄生虫、改善土壤状况，原则上是没有错的。然而，和其他情况类似，问题出在数量和频率上。有时候，我们根本不需要用到这些产品，但商家有时会过度宣传，进而导致了严重的后果，比如我们在法国马恩河盆地（塞纳河大支流）所有公共或私人的水域和土壤中，都检测到了除草剂的化学成分。当然，和西班牙地区灌溉过量的情况类似，我们也把花园和农业区的测量数据拿来作了比对。得到的结果有一些是在我们意料之中的，有一些是我们没有想到的：农业土壤中的除草剂含量远远大于公共或私人花园里除草剂的含量。不过，两种情况对水资源污染做的"贡献"，都大同小异。除草剂在农业耕地中停留时间长，受冲刷次数少，在进入河流之前，能给环境造成恶劣的影响。相反，城市里使用的除草剂和非吸收性物质直接接触（施用时）或间接接触（下雨时）以后，可以加快径流的速度，通过径流，除草剂被迅速地输送到河流中，最后，河流中除草剂的浓度比饮用水允许的浓度高了20倍。从这个角度来说，恰佩克式园丁经营花园时，造成的负面影响和单一栽培不相上下，他们使用除草剂，并不是为了生计，而是为了获得更多的收益——让植物长得更好，满足自己的虚荣心。

经营漂亮的绿色天地时，施肥也是关键的一步。各种研究表明，花园里每平方米土壤的氮元素含量比农业耕地多，大气氮氧化物排放量是休耕期草坪氮氧化物排放量的10倍以上。其中的原因是，热心的园丁不受农民现行条例（关于维护土壤的频率和强度）的约束。说到这里，我好像在批评爷爷和他的"鼻涕虫杀手"。有人在比利时的法兰德斯大区开展了大规模的调研，最后发现，相较于普通耕地，花园里的土壤磷元素含量更高，有机物质含量更低。另外，该大区土壤每平方米的年均含氮量是小麦的建议施肥量的5倍。

把建议施肥量和比利时私家花园的总面积相乘，我们得到了这样一个数字：花园主每年要使用2 600万kg肥料。要降低这个数字，我们可以按照实际需求量给花园主提供肥料，或者让他们除草以后，把堆在草坪上的杂草当作肥料。土壤含水层氮元素含量过高，未被根部吸收的氮元素经过含水层，流向运河、河流和海洋，会引发富营养化现象。现有数据表明，即便在中欧地区（有花园文化的地区），有些花园主经营花园的方式，仍然会给环境造成破坏。和除草剂的情况类似，土壤中的氮元素通过径流，快速地进入河流，给环境造成更加严重的污染。各国科学家分析了土壤中有机物的可利用性，以及灌溉水分和氮元素的过量程度，他们一致认为，人类管理土地的方式各不相同，森林、牧场、耕地、果园、花园和建设用地已经形成了一种环境梯度。有句话很好地批判了陷入消费主义陷阱的或全凭主观臆测经营花园的人，那就是"花园破坏环境，是安逸生活带来的'病'"。听到这句话时，那些把花园当作武器，抵抗环境恶化的人，应该会失望了吧。

频繁大量地灌溉植物，浪费更多的水资源

植物根部受到刺激，在表层生长，植物耐旱能力较弱

长期少量地灌溉植物，节约不少水资源

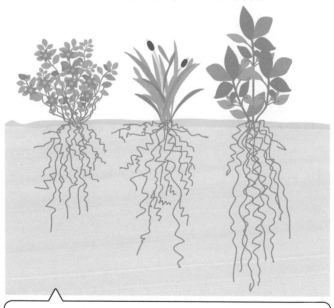

植物根部受到刺激，在保湿度最大的区域纵向生长

↗ 植物的根部

寻找浇水壶的骆驼

我像爷爷一样，坐在工具棚里等暴风雨停下来。空气里弥漫着泥土的气味，刺激着我的鼻孔。浓烈的味道打开了"嗜雨者"的心扉，发育迟缓的种子发芽了，植物久经干旱逢甘露，终于复苏，繁育出新芽了。奇怪的是，这种味道让我们皱起了眉头。当然，我们的鼻子对气味里的化学物质作出不同的反应，如果究其根源，不是一两句话就能说清楚的。好了，"品酒师"已经尝到了雨天从公园里送来的香气，在雷电高发期，突如其来的"短路"增加了臭氧的数量，当第一滴雨水落下，大地逐渐湿润，雷雨的信号也跟着到了，雨停以后，我们才能闻到雨水真正的味道，浑浊而浓郁。和自然界中别的气味（由数百种挥发性物质共同形成）不同，湿润的土壤散发的气味源自两种物质。其中一种是类似于樟脑的有机化合物，即2-甲基异茨醇（2-MIB）。另一种则是结构略微复杂的分子，即土臭味素（geosmin）。早在几十年前，我们已经探明了土臭味素的来历，我们发现，几乎所有种类的淡水蓝细菌（它们能在土壤中、潮湿的地面上，甚至沥青、石块、砖头和水管的表面定居）和一小部分丝状真菌能生产土臭味素。

这些微生物在活着的时候，把合成的一小部分土臭味素排出体外，到了夏天，它们无法在干燥的环境中生存，死亡以后把所有的土臭味素都释放到土壤里。积累在土壤里的土臭味素挥发性会降低，能够帮助土壤抵挡过高的热能。微生物为什么要这么做？我们还没有研究清楚。在正常的情况下，土臭味素黏着在沙粒上，无法蒸发，更不能钻到我们的鼻子里。当雨水和土壤接触以后，土臭味素就会借助雨水的力量，雾化"起飞"。干燥的土壤被倾盆大雨淋湿，空中扬起了大片灰尘，不过，土臭味素可不受灰尘的影响。实际上，能够影响土臭味素的是空气中的气溶胶，这些气溶胶根据雨的强度和土壤的特性变成了极小的雾化器。雨滴在下落的过程中，受力被挤压，落在地面上时，已经是一张"水比萨"了。落地的瞬间，雨滴把能量传递给接触面，在接触面的下方，会形成压缩的空气团，在力的作用下，这些空气团还可以被吹进更狭小的空腔中。接着，产生的极其微小的气泡（像起泡酒里的小气泡）又在被压扁的雨滴上全盘炸开，土臭味素和真菌孢子等物质，就这样进入空气中的气溶胶，风儿一吹，它们就满世界飘荡，最后落在了树木的果实上，或者冰箱里存放的富含水分的食物上。

　　工具棚里很干燥，我们不一定能闻到泥土的味道，但至少可以"感受"雨水的芳香。春天和冬天的时候，我们闻不到雨水的味道，即便在秋天，也不是每次下雨，空气里都有这样的味道。想闻一闻这个味道，我们必须等待很长一段时间，等真菌在干燥、温暖的环境中生长、繁殖，生产土臭味素，然后死亡。此外，拥有多孔的土壤也是制造雨水芳香的必备条件。在制作的过程中，翻耕过的或疏松的土地比水泥地效果好，黏性土和沙质土比其他土壤效果好。当然，能够四处散播气味的气溶胶也是我们要考虑的因素。雨滴越小越细，气溶胶扩散得越广，气味越浓郁；如果雨滴下落时的力量太大，气泡没有足够的能量逆向而行，那么，气味很可能无法散播到空气中。而且，只有刚下雨时，空气中才会形成富含土臭素的气溶胶，泥土味的持续时间只有下雨时的几分钟，如果雨不停地下，击落了气溶胶，土臭素就会回到土壤里，恢复曾经不易挥发的状态。对"嗜雨者"来说，绝对不能把湿润土壤的气味和另外一种阴雨天时常出现的、成分更加复杂的气味混为一谈，我们把后者称为"petricore（一种下雨时的尘土味）"。

这种气味和泥土的关系不大，是由微生物和植物产生的挥发性物质混合而成的，一旦溶解在水中，只在受热时蒸发。讲得具体一点，这种气味来自有机物分解以后的产物，或者精油中的萜烯类物质，能够留在土壤的矿物质分子中，或者被黏土分子吸收，防止蒸发。当然，光照和氧气能促进这种气味发生变化。雨水进入土壤，气味中的化学成分溶解在水中，在夏天气温炎热时蒸发飘散，在雷雨来临时飘入我们的鼻子。

雨水为我们的鼻子带来了很多有机化合物，老实说，人类和动物的鼻子最能捕捉到的是土臭味素，即便这种化学物质在空气中没有达到饱和状态，我们也能感受到它们的气息。如果空气中土臭味素的比例高于十亿分之一，即便没有经过特殊训练的鼻子，也能捕捉到相应的气味。想象一下，只需要两滴土臭味素，游泳池里的水就全部都是泥土味了。我们能够敏感地捕捉土臭味素的气味，敏感得在某些感知方面出现了偏差。比如坐在小木屋的门口，闻到土臭味素的味道时，我们的脑海里往往会浮现童年的回忆；然而，打开水龙头，闻到土臭味素的味道时，我们的反应往往没有那么热烈（环境变化以后，嗅觉能给我们敲警钟），甚至会怀疑，水是不是有问题。土臭味素本身是无害的，但有些时候，比如在植物体内留下烂泥的味道时（胡萝卜的根可以合成土臭味素），淡水蓝细菌生产土臭味素以后，土臭味素会沉积在淡水鱼体内，让鱼肉变得没那么可口时，我们并不待见它们。

这种反应具有一定的防御功能，但并非人类独有。很多生物体，比如以腐烂果实（里面有各种微生物）为食的蠓虫，也对土臭味素很敏感。对昆虫来说，微量的土臭味素可以为它们提供健康指标，帮助它们选择食物。然而，在大自然中，任何事物都有两面，有些生物为了讨生活，苦心孤诣生产土臭味素的变体——脱氢土臭味素。脱氢土臭素是一种更容易挥发的化合物，也有泥土的味道。具有观赏性的子孙球属（Rebutia）、裸萼球属（Gymnocalycium）、长疣球属（Dolichothele）仙人球释放的香气中，就有脱氢土臭味素。在沙漠中苦苦寻找绿洲的昆虫，被脱氢土臭味素蒙骗，误以为找到了水源，其实只是被植物利用了。它们当上了传粉媒介，却连表示感谢的清凉饮料都喝不上。花园里最潮湿的地方，有很多蚯蚓和微型六足动物——弹尾目（Collembola），它们被脱氢土臭味素吸引，在"气体指南针"的帮助下，前往自己最喜爱的、食物最丰富的地区。另外，有土臭味素的地方就有淡水，鳗鱼在迁徙的过程中，会把这种化合物当作灯塔，它们从浅海出发，靠"土臭味素灯塔"识别入河口。

我坐在工具棚里，一边看植物喝雨水解渴，一边想，水对于生物是多么的重要。即便相隔几十千米，骆驼也能闻到绿洲的气息，它们对土臭味素的敏感程度远远超过人类，此外，真菌和淡水蓝细菌可以附着在骆驼的口鼻之中，来一场免费的旅行，穿越沙漠，抵达其他绿洲。在一个细雨飘飘的秋天，或者我们刚用浇水壶浸湿了土壤，一只骆驼突然闯进了花园，那我们只好怪罪散发气味的泥土了。

在花园里，幸福变得简单多了

爷爷年轻的时候，对街边的大马士革玫瑰一点儿也不感兴趣。到了退休的年纪，他才拿起铁锹和锄头。因为不工作了，爷爷总觉得心里空荡荡的。他接管了一个公共菜园（公共菜园是园丁训练场，大家在这里相互交流，把传统和迷信慢慢地推向了经验和科学。甚至，带领世界园艺水平往前走了几步，酒吧也是这样的，大家聚在一起，"推动"体育事业的发展），又"挪用"了我父母的花园。后来，爷爷有了自己的花园，就全身心地把精力投进去了。大家都知道，再往后很多年，我接管了爷爷的花园。

爷爷选择开垦花园，可能是因为他那代人比较看重集体和合作精神（这种精神被我们弄丢了）。从公众卫生的层面来看，爷爷选择开垦花园是对的，因为走进花园或菜园，有益身心健康。各项研究表明，定期（偶尔）打理花园（菜园）的人，不容易患抑郁症，他们心理健康，常常参加体育锻炼，都拥有满意的社交生活。当然，家的附近有花园，我们也同样能享受这样的"好处"。不过，要是只想摘一点果子，就去做花园的主人，那可不行。事实证明，对花园抱有强烈认同感的园丁，往往能获得更大的心理满足，他们打理的花园也总能"造福"大众（比如种了几棵大树）。

走进花园，就是走进繁杂的大世界，在这里，我们可以制订自己的计划，亲自劳作，让双手沾满泥土，从劳动中获得心灵的慰藉。站在自家的草坪上什么也不做，或者到现成的花园里做客，都没法像我们说的那样，满足身心的需要。况且，走进花园，自己动手，我们也能学到很多新的东西。有科学家指出，实现花园利益最大化的做法，在某些方面可能存在弊端。比如说，我学的东西可以帮助科学家评判花花草草对健康的影响，权衡城市绿化的利弊，然而，这些知识把我和植物的真实距离拉得太远了。

2000—2008年，科学家开展了一项调查，把10多万名女性的病历和居住社区的卫星图像进行了交叉对比，他们发现，绿化最好的社区比没有绿化的社区，女性居民死亡率要低12%。同样的，在绿化最好的社区里，女性（无论属于哪个阶层）患呼吸道疾病和肿瘤疾病的概率分别减少了34%和13%。科学家还进行了人体参数测量，皮质醇是压力荷尔蒙的一种，生活环境缺少绿化时，居民在白天的皮质醇水平偏低，生活环境绿化较好时（有公园、花园、林荫大道等），居民的皮质醇水平较高。园艺为我们带来了诸多好处，能帮助我们保持心理健康，降低罹患抑郁症的风险。此外，我们能呼吸清新的空气，园艺也算功不可没了。

城市气温过高，虽然不是什么反常现象，但总让人觉得不舒服。平整的镜面吸收热量以后，向四周辐射，形成热岛效应。世界卫生组织表示，如果不采取有针对性的措施，到2030年，热浪期间的死亡人数将达到每年10万人，到2050年，人数还会再翻一番。城市温度普遍比外围乡村高1~3℃，同时，植被还在不断减少，形成恶性循环，引发多米诺骨牌效应。最近的一项调查显示，美国最大的200座城市植被面积共减少了2%，这相当于城市树木每年减少400万株。

结合卫星图像，美国国家航空航天局（National Aeronautics and Space Administration，NASA）指出，气温升高现象和城乡过渡地带植被面积减少有关。显然，该项研究可以给城市规划提供重要的参考数据。比如，研究显示，植被覆盖面积超过城市总面积35%时，过渡地带植被面积减少带来的影响更明显。要知道，这绝对不是简单的"植被覆盖面积"问题。实际上，温度的变化和蒸腾作用有关。植物通过蒸腾作用能释放大量水分，保持叶片温度恒定，减少了以热能形式散发的热量。和别的物体相比，植物不会引起气温上升，反而起到了降低周围环境温度的作用。当然，不同的植物，调节气温的能力也不同。比如说，树木调节气温的能力就比花草强。站在树的哪个位置，和树距离有多远，这些因素都会影响我们对温度的感觉。我们发现，在热得不得了的时候，公园里的树林可以帮忙把温度"调低"6℃。然而，街道和大楼释放了太多热量，只要我们走出绿荫，离开树林300 m，蒸腾作用也好，光反射也好，就通通没效果了。

我们现在要讲"空气污染问题"。$PM_{2.5}$和PM_{10}是汽车、空调、建筑工地释放的微小颗粒，能引发多种疾病（尤其是呼吸系统疾病）。树木可以除去空气中的灰尘，这些微小的颗粒被叶片吸收，附着在薄薄的蜡质层里，树叶凋零以后，这些微小的颗粒就被埋进了泥土。当然，叶片吸收微小颗粒的数量和多种因素紧密相关，其中包括气流、叶片数量和表面积、树冠大小、蜡质层厚度、生长区域的特殊情况等（在温带气候地区，寒冷的冬天是树叶掉落的高峰期，那时树叶就起不到吸收微小颗粒的作用了）。总的来说，树木对环境多多少少是有好处的。

我们把树木折腾来折腾去，结果给环境造成了负面影响，比如说，多层建筑之间形成了所谓的城市峡谷（urban canyon）。城市峡谷里空气的流动方向和车流方向相同。科学家已经证明了，在林荫大道两侧种树，树冠相接形成拱形，会导致空气流通不畅。整个林荫大道就是一条隧道，外侧树叶根本无法发挥应有的功效，隧道里空气污染物的浓度会不断增加。所以，林荫大道上的空气也不比其他地方干净。植被可以吸收空气中的颗粒物和气态污染物，我们想要净化空气，就必须让植物和空气形成交叉接触，种树的时候，不用种得太紧密，要创造通气性良好的"交叉结构"，整片绿化的面积也不用太大。空气只有从纵深100 m的树林中流通以后，才能消除20%的氯化物。然而，这种规模的树林在城市里可不多见。另外，有些树木会释放大量的挥发性物质，加速臭氧污染，比如洋槐和白杨。因此，种植树木之前，必须谨慎衡量实际效益，对可能存在的负面影响进行评估。实验表明，这些微小颗粒，有40%被树木的蜡质层固定，有60%被雨水冲走（一旦土壤干燥或叶子枯萎，颗粒物有可能重新回到空气中），当然，不同树种之间，吸收微小颗粒的能力可能相差20倍以上。

实验表明，枫树、榆树和白杨短间距种植时，净化空气效果最好；杜松、金钟柏等常绿植物，它们的叶片面积、枝叶密度堪称完美，蜡质层通常很厚，可以更好地捕捉细微颗粒，因此，它们能长期净化空气，工作表现全年都算不错，可是这些树在城市里很少见。就吸附PM_{10}来说，松树的效果比紫杉好，紫杉又比常春藤好。李属（*Prunus*）和山茱萸属（*Cornus*）树木，比如白蜡树或枇杷树，就是平庸的空气净化者。因此，光是一味地推广种树是远远不够的，必须事先进行综合评估。

当然，树木只能在一定范围内捕捉微小颗粒，距离树木100 m以外的空气中，微小颗粒的密度和城市平均水平一样，因此，我们必须注重树木对颗粒物的实际吸收量。总而言之，有的树木最高可以吸收空气中24%的颗粒物，有的则只能吸收不到5%，平均算一下，也刚刚过10%而已，污染比较严重的地区对绿化的分布要求很高，要想依靠树木把这些地区的颗粒物密度降低到符合法律规定的参数以下，这个吸收率是不够的。

冬天的时候，欧洲城市群的$PM_{2.5}$浓度通常较高，而植物可以帮助我们把$PM_{2.5}$的浓度降低。据估算，2006年，美国种植在城市里的树木从空气中吸收的污染物（其中约有一半是PM_{10}）约70万t，这个数字看起来好像很大，但其实只占空气污染物总量的几个百分点而已。刚才我们已经讲过，树木吸收污染物存在变数，各个城市的吸收率可能存在巨大的差异。有模型模拟树木对伦敦空气污染的影响，如果把城市的绿化覆盖率从目前的20%提高到30%，微小颗粒物PM_{10}可以减少2.6%，当然，这个数据并不完全准确，但偏差也不太大，特别是与其他相关因素结合时。

相关数据可以帮助我们预测结果，找到最优解。有人说，经营花园和公园只是改善城市空气质量的方法之一，并不能起到决定性的作用。还有人说，阳台或微型花园对城市环境的贡献微不足道，树木已经完成了大部分工作，当然，种更多树并不意味着我们可以继续污染空气。据保守估计，目前城市树木可减少颗粒物$5\sim10$ $\mu g/m^3$，在污染最严重的城市中，有超过1 200万人暴露在$PM_{2.5}$中，城市树木为近7 000万人降低了$1\sim2$℃的气温。

全球每年投资大约1亿欧元，用于在人口最密集的城市和污染最严重的地区种植或维护树木。如果当地的空气污染是由细颗粒物造成的，那么投资受益人约5 000万人，如果是由热能造成的，那么投资受益人约8 000万人，同时，相关死亡人数减少11 000$\sim$36 000人。种植或维护树木对亚洲各大城市（比如北京和雅加达等）影响较大，对北欧城市影响较小（北欧城市现有的城市绿化能够缓解环境问题）。当然，我们不能忽略种植或维护树木得到的经济收益，在美国得克萨斯州的奥斯汀市，公共、私人种植的树木每年为能源开支节省1 900万美元，为大气二氧化碳维护（吸收或不排放）节省1 700万美元，同时节省市民医疗开支300万美元，增加了各类财产价值1 500万美元。类似的评估在情形复杂的大都市也管用，在纽约，树木的经济价值约为每年1.2亿美元，而管理成本仅为2 200万美元。

很多城市和国家（芝加哥、多伦多、洛杉矶和法国等）正在以立法的形式，约束私人维护花园的行为，鼓励各地修建大型公园，创办新树木种植区（最好集中分布，形成连绵不断的绿色"马赛克"）。有人认为，绿色"马赛克"对我们的身体有好处，还能获得经济效益，应该把各个种植区和新建建筑结合起来，纳入城市规划，以类似规划停车场的方式，构建一个绿树成荫的网络带，把种植区融入城市中。遗憾的是，即便花园规模越来越小，公民也不愿意个人承担管理费用（修剪、清理树叶），因此，城市树木的数量已经有了减少的趋势。有的城市花园众多，高于2 m的树木遍地都是，因此纷纷采取综合策略，谨慎地管理绿化，这不仅对个人（种植、修剪和维护树木的人）有好处，还对整个社区都有益。如此看来，这完全满足了爷爷说的合作精神，也让我们清醒地认识到，不能抱有"草草了事"的幻想。

至于治理环境污染方面，我们普遍认为，树木是一样的，都可以净化空气，所以我们认为无论什么情况，无论什么类型和性质，城市森林都可以弥补我们对环境犯下的罪过。然而，种植或维护树木只是其中的一种方式，从源头上减少污染物才是最有效的解决方法。

◉ 城市绿化是生态托儿所

希尔维娅（Silvia）是一个记者，住在罗马，距离我很远。有一天，她把我当成了园艺专家，打电话给我说，在她的新家有一个阳台，阳台上有一些大花盆，她想在里面种一些花花草草，但她遇到了一个很棘手的问题：她每天总是心不在焉地早出晚归，经常忘记给买来的植物浇水，结果，那些植物顶着"首都的太阳"，壮烈牺牲了。考虑到希尔维娅没办法照料植物，我建议她当一个"奥勃洛摩夫"，在花盆里装满泥土，自己坐到一边去，让这些"小船"听天由命。有的种子随风飘来，有的种子被欧椋鸟带来，有的种子跟随季节的脚步，生长、枯萎。如果命运女神笑了，这些种子说不定能给她一个惊喜，长出花儿，点亮整个夜晚。当然，我们的脑海里已经有屋顶花园的刻板印象了，因此我给希尔维娅说，阳台是一个免费庇护所，时尚而且充满张力，保护了当地植物的生物多样性，帮助我们检测野生植物群，满足了我们和自然亲密接触的需求。我们不用刻意地做一点什么，大自然会帮助我们选择景色，我们只用端一小杯冰啤酒，坐享其成就可以了。当然，这一切都必须要有科学依据，希尔维娅也想听一点专业的解释，所以我决定，根据科学的研究成果，完善一下我的建议。

有人认为，经营花园并不能保护生物多样性。我想，这个观念已经过时了，最起码恰佩克式园丁无法满足自己的虚荣心时，这个观念就很不合时宜。举个例子，在英国，普通城市花园在30年以内，接待的昆虫种类占全国的1/4。走进英国的城市花园，开展调查，科学家发现了4个新物种。如果把英国所有城市花园全部加在一起，就可以构建英国最大的自然保护区。然而，花园对待客人并没有一碗水端平，它们不是对谁都很热情的。只有一小部分动物，包括极少数的哺乳动物，能够得到花园的庇护。这些动物不方便在陆地上行走，它们需要较宽敞的生存空间。另外，比起鸟类和昆虫，我们不太待见这些动物。

以蝴蝶为例，在现代城市的花园里，蝴蝶天生具有优势，它们流动性强，彼此之间可以拉开距离，把花园当作零散的岛屿，以多种花蜜为食，植物数量有限时，它们还可以储备粮食。不过，有的动物只是"短跑专家"，如果"岛屿"和"岛屿"的距离太遥远，它们就没办法到达了。"短跑专家"需要大量的"休息区"，或者广泛分布的"网络带"。有的无脊椎动物生活在花园里，有的生活在靠近乡村的郊区或城市中心里，对它们来说，"坐标"好像不是什么问题，"坐标距离"才是问题。在保护环境这方面，我们必须给微型花园和阳台正名，至少，它们的距离相对较近时，我们应该肯定"马赛克"的重要性。我们可以把花园比作古代路边的驿站，驿站和驿站的距离刚好满足了驮畜的需求，它们在这一个驿站休息休息，正好可以走到下一个驿站。

在加拿大多伦多的市中心，很多人家的阳台上摆了一些空瓶子（希尔维娅也这么干），过上几个星期，空瓶子里就有了和农村草地上或森林中差不多的植物群和昆虫群。感谢屋顶花园、露台和公园连成的绿色"马赛克"，它们形成了通道，是动植物旅途期间的中转站和庇护所。因此，花园在城市以外的地区，比如农村，也有举足轻重的分量，它们接纳传粉昆虫，构建"网络带"，把农村耕地和一座座孤立的城市紧密地连在一起。城市大兴土木，农村开垦耕地，让很多昆虫流离失所，而花园可以为这些昆虫提供花蜜和花粉。这和农业中用到的留置机制（setaside）类似，保留一部分生态环境，给野生动植物提供生存空间。例如，郊区花园是欧洲熊蜂（*Bombus terrestris*）的避难所，帮助它们更好地发展自己的群落。总而言之，比起采用集约农业经营方式的农村地区，城市花园给野生蜜蜂提供了更好的庇护。

科学家在乡间花园展开研究，得到了当地农民的帮助，几种并不稀有的栽培植物和野生植物，如桃叶风铃草（*Campanula persicifolia*）、欧活血丹（*Glechoma hederacea*）和百脉根（*Lotus Cornicalatus*）等，授粉效果较好，往往能产生更多的种子。集约农业和城市景观会破坏各地区的区域连续性，把土地碎片化。老实说，帮助我们和动植物免受现代生活的煎熬，花园已经首当其冲了。如果我们都是奥勃洛摩夫式园丁，可以模仿大自然的做法来经营花园；或者如果花园和绿地之间的距离足够近，能连成网状结构，相互建立联系，保证区域连续性，那么"马赛克"的效果肯定会很好。我们应当避免修建昆虫无法到达的"孤岛"，彼此距离较远的大型公园需要更小、更分散的"卫星绿化带"来连接内外种群。

花园可以保护生物多样性。针对这一点，科学家在英国已知的2 000万个花园里展开了相关调查，其中涉及昆虫、开花植物、地衣和苔藓。研究指出，在英国的某个中型城市中，发现了67种苔藓和77种地衣，平均每个花园里有15种不同的动植物。花园内部的基质类型（岩石、树木、植物）越多，或者大气污染越少，生物物种就越丰富。另外，在同一项研究中，科学家发现了1 100多种新植物（70%是外来物种）。这一数据呈现了一定的规律，科学家指出，尽管有的地区纬度、气候条件各不相同，这会对花园的生物多样性产生一定的影响，但是人类活动（比如偏好某一种观赏植物、干预观赏植物的生长过程）在更大程度上，影响了花园的生物多样性。计算每平方米土地涵盖的植物数量（只当作吉尼斯世界纪录的话，也还不错，但从生态学角度来看，就完全不同了），我们发现，在某个以色列的花园和某个莱斯特的花园里，不到100 m² 的地方竟然有250多种植物。这个数据比自然栖息地里的2倍还多，其中接近60%是外来物种。这恰恰证明了生物多样性不是自然选择的结果，而是人类根据自己的审美选择的结果。

花园里有很多植物，它们没有与世隔绝，相反，它们专给不挑食的昆虫和动物，即杂食性动物提供口粮。杂食性动物什么都吃，几乎能够光顾栖息地中所有的野生植物，而那些被光顾的植物会逐渐失去生存竞争力，因此生物多样性也被"破坏"了。我们总在自己看见的、喜欢吃的生物上费尽心思，对具有生态价值的生物却置之不理，投入少之又少，因为它们不能食用，尽管它们很美丽，也只能为"生物多样性"做贡献而已。此外，环境心理学研究表明，生活在都市里的人类，如果和大自然无法接触，会加剧"环境失忆症"。没有真正见过大自然的人，不会和大自然产生共鸣，他们对环境保护和生物多样性并不感冒，这种冷漠加速了自然栖息地的破坏。因此，对希尔维娅来说，找到合适的方法"照料"被她忽视的生命体（花盆里的仙客来，或者随风而来的植物），是十分重要的事。

◉ 树干上的哨兵

冬天来了，花园里没有了亮丽的色彩，白皑皑的一片，很少有动物在这个时候出来活动，树干光秃秃的。在这个季节，园丁沉思的次数是最多的，他们觉得，是时候关注那些一动不动、毫不显眼的"客人"了，比如地衣。地衣用赭石黄或灰蓝色的身躯点缀树干、石头和墙壁，我们却从来没有正眼看过它们。以前我们总认为，它们只是真菌和藻类的共生体，然而，最近我们发现，地衣的外层有一种独特的担子菌酵母。担子菌酵母是一种不常见的单细胞真菌，可以构成地衣的外壳，起到保护作用，帮助地衣生存。因此，地衣和其他生命的共生关系，实际上不是双向的，而是呈三角状的。真菌可以帮助地衣牢牢地抓住富含矿物质的土壤，而藻类能够进行光合作用，即便地衣生长在恶劣环境中（如岩石表面），也能获得养分。

地衣看起来没有开花植物那么显眼，丝毫不引人注目，它们一年生长不到1 mm，春夏秋冬四季不换"衣服"，比岩石还懒惰。然而，它们可以抵抗脱水、霜冻，可以适应极端的生存环境。我们爬山的时候，地衣是视线里最后消失的植物。在到处都是钢筋混凝土的城市中心地带，我们仍然能找到地衣的身影。它们是唯一一种，能够适应缺乏土壤的环境，并且生根发芽的植物。地衣坚不可摧，但也有致命的弱点。我们常常利用它们的弱点来监测城市环境（比如监测空气质量）。

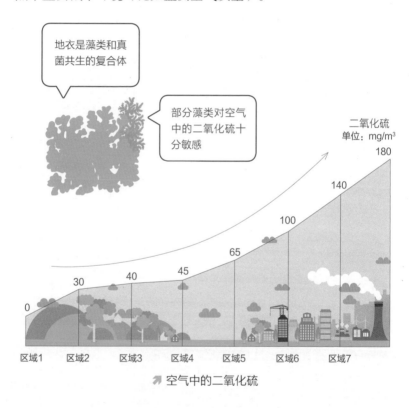

地衣是藻类和真菌共生的复合体

部分藻类对空气中的二氧化硫十分敏感

二氧化硫
单位：mg/m³

180
140
100
65
45
40
30
0

区域1　区域2　区域3　区域4　区域5　区域6　区域7

空气中的二氧化硫

很多地衣植物对典型的污染气体（比如烟尘）十分敏感，即便这类污染气体浓度很低，它们都可能无法生长。据研究，有的地衣对环境中的二氧化硫和氮化物（工业、农业、城市运转释放的）特别敏感，它们的分布和空气污染物息息相关。实际上，地衣全身上下最薄弱的地方是藻类，藻类结构简单，没有任何防御措施，一旦污染气体和叶绿素发生反应，就会抑制藻类的光合作用。

采集地衣、利用地衣监测环境的成本较低，有的国家利用地衣的特点，广泛地开展了环境检测活动，和使用仪器相比，利用地衣能够监测更多的自然环境和城市化地区。很少有地衣可以抵抗污染物，因此，地衣在某个特定区域中的数量和种类就成了环境污染程度的一个指标，如果某个地区的地衣种类小于3种，或者根本没有，那么就意味着该地区空气污染的程度十分严重。在空气清新的区域，我们至少可以发现10种地衣。

除了根据颜色分类以外，地衣类植物可以根据形态分为三大类，即枝状地衣、叶状地衣和壳状地衣。壳状地衣通常更加坚韧，抵抗力更强（针对缺水、寒冷、污染等），在城市里更容易被我们找到；叶状地衣和枝状地衣需要更潮湿的环境，如果空气受到污染，它们的生存也面临危机，甚至根本无法生长。例如，赭石黄地衣是石黄衣属（*Xanthoria*）植物，我们常常可以在旧花盆里或花盆边缘的石子上找到它们。即便在工厂附近，氮氧化物浓度较高的区域，赭石黄地衣也能茁壮成长。苏打猪毛菜（*Salsola soda*）无法离开山林，它们的身上长有分叉枝状真菌，这种真菌对污染物很敏感，必须在洁净的空气里才能存活。

自20世纪70年代以来，科学家们陆续在公园、街道开展调查，建立了关于地衣种群和空气质量的理论，他们发现，如果对空气污染十分敏感的植物逐渐消失，就意味着当地二氧化硫的年均暴露量超过了正常标准。可以说，检测空气质量最简单的方法之一，就是观察花园里的地衣。正因为这个方法简单，在很多国家，学生和园丁都积极地参与到这项全民科学项目里来了。英国有一项先进的技术，利用智能手机上特殊的应用程序，可以收集那些生长在橡树和桦树上的地衣的数据。这样一来，市民和园丁就有了检测"仪器"，可以评估当地的空气质量；同时，科学家可以获取实时数据，评估全国的空气质量；另外，更多人也可以了解这些平日里丝毫不起眼的生物（尽管我们只在寒冷的冬天才关注它们）。

植物身上的微生物比天上的星星还多

美国西部片里经常出现"活埋"这个词，讲的是荒野里的印第安部落实行判决，把被执行人竖着埋起来，剩下一个脑袋露在地面，任由烈日、蚂蚁、苍蝇和乌鸦折磨（当然，只有我们想不到，没有他们做不到）。被埋起来的被执行人没办法保护自己或逃跑，甚至没办法动一下身子，在不幸中死去，只是时间长短和痛苦多少的问题。说到这里，我想起来上次看见这个词的时候，我还在电影院里，当时觉得这个词还可以用来形容植物适应生存环境的现象。想象一下，"被活埋"是植物的日常。它们一动不动，只能默默地被无生命或有生命的家伙"驯服"。如果问题不太大，它们就可以蓬勃生长。那么，植物必定有一个特殊的系统，帮助它们在被活埋以后幸存下来。植物利用这个系统，向"邻居"求助，吸引土壤和空气中的微生物。

我们可以用上千种比喻来形容植物和微生物之间的关系，以及微生物为植物做出的贡献。其中一种把真菌和细菌比作"呜巴鲁巴（oompa loompa）"，它们是威利·旺卡（Willy Wonka）工厂里勤奋的小工人，非常乐意成为"公司"的一员。为了尽情地换取可可，"呜巴鲁巴"离开了不适合它们生活的环境，被招募到罗尔德·达尔（Roald Dahl）的想象工厂里。还有一个比喻，没有那么奇幻，但更加真实。有人把植物比作一家大型企业，微生物则是众多的工匠或由合作社和小公司组成的配套企业，可以为总公司做贡献。对于大型企业来说，成本和时间是有限的，专家肯定比从零开始的工人要强，单独运作也并不划算。

给第三方提供工作岗位，可以节省资源，更重要的是，这种做法有很强的灵活性，只有到了真正需要的时候才雇人为自己服务。如果我们被"活埋"了，这时候就可以呼叫第三方，改变我们的生死。微生物可以帮助植物生存下去，它们有很多种群，组合在一起，发挥的作用是无限的。不过，不是植物身上才有微生物。我们坐在长凳上吃三明治，或者一个人吃饭的时候，我们并不是真正意义上的"一个人"，因为有数十亿的生命体，正分布在我们的肠道里、皮肤上，它们陪伴着我们。只不过，我们的身体限制了这些无声的客人、食客，或者说共生体。

很久以前，医学界已经达成了共识，有的微生物对我们的身体有好处，能够"辅佐"我们。比如肠道菌群从我们出生起，就一直陪着我们，如果没了它们，我们根本没法活到现在。微生物和其他生命体的关系如此密切，物种的定义似乎出现了变化：植物是否只由遗传物质定义，它对微生物的依赖是否打乱了物种的界限？许多兰科植物，比如开唇兰属（*Anoectochilus*）植物，它们的种子没有足够的营养可供新生个体生长，能够发芽全要感谢真菌的帮忙，这些植物在生命的最初阶段，都是从真菌那里汲取养分的。更有甚者，比如鸟巢兰属（*Neottia*）植物，在整个生命周期里，完全不进行光合作用，把生产能量的重任全部委托给了真菌。还有三兰属（*Isotria*）植物，在长达数年的休眠期里，都是从真菌那里获得营养的，它们会等到环境条件适宜以后，再继续生长。因此，我们说植物和微生物是休戚与共的。为了适应这种关系，生物学家创造了很多术语。比如"共生总体

（holobiont）"，表示生命体和相关微生物的总和；"共生总基因组（hologenome）"，表示所有基因（包括宿主的基因和非宿主的基因）的总和。如果没有这些小帮手，我们以前在生物书上学过的植物可能就不复存在了。

我们不能再把植物当作孤立的有机体了，植物的生长，或者说它们适应环境的能力，以及繁殖能力，不仅取决于基因中的信息或它们提取信息的方式，还取决于和它们合作的数量惊人的微生物。据估算，世界上所有植物的叶片上，有不计其数的微生物细胞，比整个宇宙的恒星还多。可以确定的是，在某些植物的根部，也就是植物的根际（rhizosphere）上，1 g土壤可附着数以亿计的微生物。我们对这个庞大的群体了解太少了，所以没能在花园或田野里合理地利用它们。有科学家分析，因植物种类不同，土壤、气候、生长环境不同，植物根际可容纳100～55 000种微生物。

叶际（phyllosphere）是植物生长在空气中和微生物接触的部分，和地下那部分相比，叶际面积更大，体积更小，生存环境更艰苦（干燥、日晒、营养缺乏）。那么，叶际上肯定有一种稀有的微生物，因为生存竞争不激烈，数量也许不少，如果植物能够利用这些微生物，一定能"攻占四方"。我们发现，叶片上有的细菌可以吃掉植物以气体形式排放有机物质，有的细菌可以在不打扰宿主的情况下，"吸收"叶绿素，进行原始光合作用。

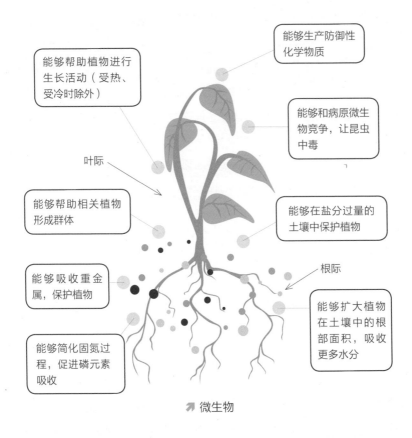

能够生产防御性化学物质

能够帮助植物进行生长活动（受热、受冷时除外）

能够和病原微生物竞争，让昆虫中毒

叶际

能够帮助相关植物形成群体

能够在盐分过量的土壤中保护植物

能够吸收重金属，保护植物

根际

能够简化固氮过程，促进磷元素吸收

能够扩大植物在土壤中的根部面积，吸收更多水分

↗ 微生物

　　此外，植物利用微生物的行为和生长环境也有紧密的关联，同一个体在不同的生长环境中，往往可以和不同的微生物群结合（很少有固定组合），因为"配套企业"（微生物）是植物在当地零距离现场招募的。为了满足"配套企业"的要求，植物会改变根际的化学组成，利用原有的营养物质，靠光合作用收集得到的能量（比如菌根），创造更有吸引力的新生长基质。番茄、黄瓜和辣椒会在土壤中"排放"大量的柠檬酸，刺激"仅供自己食用的"细菌生长，而这些柠檬酸对别的竞争者却是不利的。有的植物可以通过分泌物质，调节土壤中真菌和细菌的生长活动和组

织能力。植物可以给微生物提供养分，而微生物可以帮助植物更好地生活，产生抗生素和毒素，防御病原体和食草动物；同时，微生物还可以生产球囊霉素，固定氮元素，帮助植物汲取营养。总的来说，微生物可以有效地执行植物没法单独完成的专业操作，帮助植物修复机体，消除"活埋"带给植物的压力（比如极端天气或土壤盐分过高）。

植物和微生物的关系稳定牢固以后，靠根际和根际上的微生物形成抑病土壤（disease suppressing soil），这些微生物配备了"锋利的武器"，可以和植物联合起来抵抗生命中遇见的各路病原体。这种联盟并不罕见，几十年以来，很多案例都表明有些耕地的土壤对部分病原体产生了"抗体"，这得益于微生物"雇佣兵"，它们在病原体出现时被植物招募豢养，代表第三方进行联合行动，起到和免疫系统相同的作用。科学家研究过一些禾本科植物，他们发现，草坪落地生根的前几年，植物感染微生物的现象比较常见，后来，多亏了这种"感染"，草坪才能稳定生长。

把植物种在花园或耕地里，不改变它们的特性，驯化它们，可能会让它们觉得更舒服。然而，我们对驯化的了解少之又少。很多微生物只有被植物控制时，才对植物有益；如果它们的数量超过某个临界值，或者组织规模超过一定程度，它们会反过来成为病原体，就好像过于成功的转包商，最终会变成大型企业的竞争对手。此外，我们也不了解驯化过程，以及驯化作用的范围，所以我们不能充分地利用各种信息，就好像治疗的时候，虽然谨慎服药可能很难在短期内见到疗效，但也绝对不能冒着引发抗药性的风险过量服药。当然，我们也不清楚，一种或多种微生物相互配合，究竟能产生多大的影响。

有许多企业和研究员，在农田里开展了广泛的调查，研究被孢子覆盖的种子。以前，这类种子被认为是有益的，不过近些年来，科学家可能会在园艺和农业方面，就此问题提出新的观点。种种"奇怪的"迹象表明，植物和微生物之间的紧密联系，比我们想象中要复杂得多，完全颠覆了我们对"植物状态"的认知。我们认为，植物的生存环境总是具有竞争性，生存游戏好比是瞪羚和狮子之间的永恒斗争，狮子想咬断瞪羚的脖子，瞪羚则四处逃窜。植物为彼此间的合作提供了一个平台，依靠互利互惠的原则和卓越的团队获得了回报。然而，这一优点并不总能在人类之间发扬光大。

种几朵"邪恶"之花吧

人类总喜欢用美妙的词汇描述植物和植物之间或植物和微生物之间的合作关系，这就造成了一种假象，好像我们种植的植物都是"仁慈"的生物，是温柔的草地仙女，是一心为他人着想的热心阿姨。对此我表示震惊，这完全是我们对田园生活、花园、大自然的臆想。当然，有些时候，植物和植物、植物和微生物确实能够相互合作、协同作业，并互为整体，然而，在"生存大义"面前，它们都是没有"道德"的坏家伙。为了揭露植物的伪善面孔，我准备在秋天休假的时候，在花园的小角落里种一些"邪恶"的植物，我要把它们的"凶相"展现给我的"客人"看。弗兰克·卡普拉（Frank Capra）拍了一部电影，主角艾比（Abby）和玛莎·布鲁斯特（Martha Brewster）把下过砒霜的咖啡拿给客人喝，把他们拖到巴拿马运河旁边的空地里，叫他们安静长眠。我表现出的热情也和艾比的一样。我在"调皮的手"碰不到的地方，种了一种叫毒番石榴（*Hippomane mancinella*）的植物，这些植物被阿兹特克人（Aztec）当作"刑法之树"。把倒霉蛋赤身裸体绑在树干上，等湿气或雨水融化了叶片分泌的佛波醇（phorbol），倒霉蛋全身上下都会被严重烧伤。毒番石榴自有一套"保命措施"，防止我们用它的木材取暖、做饭：毒番石榴燃烧以后，烟雾中同样存在佛波醇，具有强烈的刺激性，可以烧伤眼睛，吸入后会造成暂时性失明。此外，佛波醇还能吸附在煮熟的食物上，在消化的过程中会灼烧口腔和胃黏膜。

我们的世界是以动物为中心在运转的，食草动物对植物的"杀戮"是非常自然的事情，我们完全可以接受。可是，世界反过来会怎么样呢？形成一种反规则的恶性循环吗？昆虫落在植物"手"里，成了奄奄一息的猎物，植物觊觎昆虫体内的氮元素，已经蠢蠢欲动了。比起动物的"残忍"，这种未被我们认识到的植物的"残忍"可能更加可怕。这种残忍和违背自然规律的食人族相似，因此，"残忍"的植物被我们比作"外星生物"。怪不得电影和文学里的食肉植物都来自外太空，看来也并非巧合。老实说，会"杀害"猎物的植物有很多，它们都是"肉食类"植物。事实证明，为了争夺营养成分或有利的生存条件，"流血死亡"时有发生，即便有的植物看上去"没有什么杀伤力"，但它们也热衷于使用暴力解决问题。要说"恐怖小花坛"里的植物，我确实喜欢那些长着天使面孔的杀手，它们天生拥有彩色的花朵，微笑着展开无声的杀戮。它们用淳朴美丽的外表欺骗我们，而我偏要揭露它们。

我们心里清楚，要是果蝇一不小心停在了瓶子草属（*Sarracenia*）或茅膏菜属（*Drosera*）等食虫植物身上，后果是什么。我们也明白，植物并不是刻意要这么做的，土壤氮元素含量过低，植物必须通过其他方法补充氮元素。站在食肉植物的角度看，酸性土壤、泥炭质土壤里的氮元素和钾元素本来都不多，土壤中水分含量增加的话，氮元素和钾元素含量还会降低。因此，食肉植物得靠捕食昆虫来解决这个难题。想要捕食昆虫的话，食肉植物必须有一套自己的诱捕机制——分泌消化酶，吸收"吞下"的食物。此外，在大自然中，食肉植物的种类是有限的，仅占开花植物的0.2%。有的植物可能并不属于食肉植物，但它们天生就是杀手。如此看来，要给食肉植物分类，要牵扯很多东西，着实有些复杂。

◉ 死亡之美

有的植物不太显眼，它们阴险狠毒，锁定目标，用"间接杀人"的方法杀戮猎物，把一切都掌握在自己手里。刚才我们讲到，植物"吞下"猎物以后，是需要消化的。然而，有的植物杀死昆虫以后，把消化工作留给了那些表面上看起来天然无公害，却在地下暗自"行凶"的杀手。比如腺毛紫老鹳草（*Geranium viscosissimum*）、洋剪秋罗（*Lychnis viscaria*）、龙珠果（*Passiflora foetida*）等。这类植物实在太多了，数也数不过来。它们茎叶上的腺毛可以分泌灭蝇胶，杀死昆虫，但它们没办法消化这些猎物，只能利用依附在根须上的微生物，完成余下的消化工作。如此一来，在植物茎叶上死亡的昆虫就被分解了，等下了雨，残骸分解后留下的氮元素就和土壤融为一体了。

有传言说，美丽的矮牵牛和好吃的番茄，对昆虫也不太友好。它们长了长毛，偶尔也会捕捉昆虫。可是，我们并不清楚，它们究竟是直接消化了猎物吸收氮元素，还是利用微生物分解，靠根部固定，然后积累氮元素的。总而言之，土壤贫瘠的时候，它们可以用这种办法给"氮元素库存"补货。我们应该给捕虫木属植物（*Roridula*）和头谷精属植物（*Paepalanthus*）颁发"达尔文互助奖"。有一种半翅类昆虫可以寄生在捕虫木属植物身上，不被植物吃掉，这种昆虫和植物的关系就像小丑鱼和海葵。植物靠黏液捕获其他昆虫，寄生在植物身上的昆虫又以植物捕获的昆虫为食。头谷精属植物和丝兰属植物（*Yucca*）很像，生长在白蚁的巢穴上方，具备一切应有的捕虫条件，可它们没有捕虫笼。头谷精属植物的叶子呈坐莲状，中间有一个小小的储水区，长期被蜘蛛占据，当作"根据地"使用。而蜘蛛捕食白蚁，排出粪便以后，植物的表皮（一般情况下，薄而通透，没有蜡质层）可以直接从粪便中提取营养成分，吸收"可消化的"氮元素。

"谨慎"是杀手的基本素养，只有谨慎的杀手，才能完成任务。我在花坛里种了一些菲尔科西亚属植物（*Philcoxia*），它们来自巴西塞拉多，都是顶尖杀手。它们靠埋在沙土里的诱捕器（由"改良版"叶片组成）捕杀小虫子，因此，我们根本看不见它们捕获、消化昆虫的全过程。我想给荠（*Capsella bursa-pastoris*）颁发"致命吸引力勋章"。从荠表面上看，只是田野里普通的小草，叶子呈心形，但它们拥有"致命"的种子。荠的种子在发芽以前，种皮能够吸收水分，分泌黏液吸引线虫和原生动物。致命的毒素积累以后，倒霉的昆虫被诱杀了。种子分泌的蛋白酶可以分解蛋白质，帮助种子吸收氨基酸和氮元素，为幼苗初期生长积累营养。我想，荠的种子诱捕昆虫，就像塞壬（Sirene）用歌声杀戮一样。当我们躺在草坪上，看见牧羊人揣着尚未成熟的心形蒴果时，只要想一想"杀手"的行径，即便我们正在热烈地追求"田园生活"，浪漫情怀也会被生生扼杀。

有的植物拥有强大的防御能力，就算被"活埋"了，也能利用环境中的"小玩意儿"，制造"武器"，保护自己，让自己生存下来。梅里塔针插草（*Navarretia mellita*）和同属的其他88种植物一样，喜欢用沙子把自己埋起来。沙子变成了盔甲，能有效地帮助植物避免被食草动物啃食。梅里塔针插草可以分泌黏糊糊的液体，但这些分泌物并不是用来捕捉昆虫的，而是用来"捕捉"沙粒的。沙粒粘在一起，形成了二氧化硅特制盔甲。

有时候，植物会雇佣"杀手"，帮助自己建立完善的防御系统。被这套残忍的系统捕杀的猎物，都是付给"杀手"的酬金。加利福尼亚有一种楼斗菜属（*Aquilegia*）的植物，看起来很优雅，红色的花朵鲜艳灿烂，等春天到了，我们走近一点，仔细地观察，就会发现，这种植物的茎干上黏着许多昆虫的尸体。和花坛里别的花不同，这种优雅的植物不需要补充氮元素，根本不会因为"营养不良"而困扰。为什么说它们"残忍"呢？原来，黏在茎干上的残骸散发着"肉香"，肉食性昆虫被"快餐"吸引了过来（也可能是被倒霉蛋的哀嚎吸引过来的）。包括蜘蛛在内的肉食性昆虫聚集在这种植物周围（数量比正常情况高出75%），它们不能清楚地辨别"昆虫尸体"和"活着的素食者"（比如毛毛虫），所以干脆把遇见的小虫子都吃掉。它们用这样的方式为植物提供了保护。

美丽黑色的盾籽穗叶藤（*Triphyophyllum peltatum*）是有着异域风情的致命黑夫人（Dark Lady）。在西非热带森林的灌木丛中，这种攀缘植物正常生长了一段时间后，在雨季来临前会长出一种优雅的带红色的茎，这种茎富含黏稠的腺体，能分泌出常见的捕虫胶。为了避免浪费能量，腺体不会一直产生消化酶，只会在捕获猎物（通常是甲虫）后，受到刺激才产生。经过数周的狩猎和饮食调整后，这种植物会逐渐放弃肉食性的形态，恢复到"正常"形态——只从地面上获取营养，它会将之前积累的"资源"投入到修长的茎上，让自己能依附到周围环境中最高的植物上，再一跃而起。盾籽穗叶藤有时会繁育能进行光合作用的叶子，有时能繁育食虫性的叶子，即使是在它生命的后期，它也会让自己在这两种状态中不停切换，时而无害，时而残酷。不可否认，它能在我的邪恶花坛的植物名单里拥有前排的位置。

谁都别碰紫罗兰

非洲紫罗兰，学名*Saintpaulia ionantha*，我们常常把它当作礼物送给母亲，以此表达对母亲的思念。非洲紫罗兰具有绝佳的观赏性，紫色的花朵颜色浓郁，毛茸茸的叶片也很好看，而且它的大小刚好适合摆在窗台上，或者客厅的桌子中央，这是非洲紫罗兰的"王牌"，让它变成"适合妈妈的"植物，成为我们的宠儿。当然，养好非洲紫罗兰绝对不是一件容易的事。家庭园艺专家说，这非得灵巧的"绿手指"不可。学习微气候的相关知识，关注光照和温度的变化，揭开植物的神秘面纱，帮助我们更加细心地照料非洲紫罗兰。曾有两名美国的研究员抛出了几个奇怪的问题：当我们抚摸非洲紫罗兰的叶子时（毛茸茸的叶子真叫我们无法抗拒），它们会做出什么样的反应？当我们喷的香水挥发在空气里，被非洲紫罗兰"闻"到了以后，它们又会做出什么样的反应？当然，我们的行为已经给非洲紫罗兰带来了困扰。人类的抚摸阻碍了叶片的生长，长此以往，非洲紫罗兰的叶片数量会逐渐下降。暴露在挥发性气体中，非洲紫罗兰也会感觉"痛苦万分"。总而言之，我们的行为损害了植物的"生长利益"，加快了叶片的衰老速度，降低了植物的光合作用效率，让植物患上"营养不良症"。

　　虽然两个研究员抛出的问题有点奇怪，但我从中获得了启发。植物没有鼻子，却对香水十分敏感，那么，植物在自然栖息地陷入鏖战的同时，是不是也经受了"毒气弹"的攻击？我们觉得很好闻的气体，可能是要了植物老命的"瓦斯"。如果植物会说话，肯定要粗鲁地骂我们："滚一边儿去！"最后，还会补上一句："滚远点儿！"植物没有眼睛，无法直接观察世界，它们必须通过别的途径感知周围的环境。我认为，植物也有感觉器官。香水"制造"危险，我们也在"制造"危险。轻轻地碰一下叶片，植物会觉得我们在提醒它们，某个方向缺少生长的空间。因此，为了远离潜在的危险（障碍、竞争对手等），叶片会向它们以为的"自由空间"生长。

我们可以专门找一个词来概括植物感知和应对机械刺激的能力，这个词念起来像绕口令，它就是植物接触性形态建成（thigmomorphogenesis）。植物接触性形态建成受基因控制，由机械刺激激活，激活后能促进植物激素调节，引导茎干生长、苞芽成形，或者植物器官死亡。这种细致入微的研究，好像没什么用，但仔细想一想，控制植物的接触性形态建成，难道不是刚好可以满足我们的商业需求吗？

要想控制温室里观赏植物的生长，避免它们长得过高，我们不需要化学试剂，只需要一把漂亮柔软的鬃毛刷子就可以了。用同样的方法，我们还可以影响一串红（*Salvia splendens*）和孔雀草（*Tagetes patula*）的生长。有时候，甚至风也可以调节植物器官的生长。把生长在城市里的迷迭香和生长在海边沐浴微风的迷迭香拿来比较，我们就可以看出其中的差异了。非洲紫罗兰不是生来就适合摆在桌布垫正中央的，它们的原生栖息地是非洲的大森林（说准确一点，非洲紫罗兰起源于坦桑尼亚山脉，即乌桑巴拉山脉），生态环境复杂，生存竞争激烈。为了争夺空间和资源，非洲紫罗兰不得不改变自己的生长策略。因此，"绿手指"先生和"绿手指"女士，请你们快快"金盆洗手"，把双手乖乖放好，别碰那些非洲紫罗兰。要知道，它们不擅长交际，更不想搂搂抱抱。

第四章

冬　天

昔日玫瑰以其名留芳，今人所持唯玫瑰之名

　　弗朗西斯科（Francesco）是一个很厉害的自然学家，他在我的花园里研究蝴蝶。我们一起聊天时，他半开玩笑地跟我聊起了城里人对生物的认识。我们好好地反思了一下，大众对植物的认识都是从速冻食品里的菠菜丁和纪录片里艳丽的热带兰花开始的。"问题来了，我们不知道罐头里的植物到底怎么回事，究竟能不能吃，纪录片里的植物到底好不好，究竟能不能拿来炫耀。我们只有到面包店买面包的时候，在电视上看见红树林的时候，才想起生物多样性。"弗朗西斯科笑了笑，无奈地说道。举个例子吧，我们已经给10万多种真菌命名了，可谁曾料到，地球上竟有100万～1 000万种真菌？好吧，我也只是随口一提。

　　近几十年，植物命名事业遇到了"滑铁卢"，其中的缘由很多，系统分类学家（负责寻找植物界新物种，引介并将其分类的学者）成为"濒危物种"就是原因之一。我们总认为，系统分类学家的研究没什么意思，难度系数很低，很难打破植物与人之间的隔阂。因此，系统分类学逐渐失去了应有的价值和光彩，成了现代科学里的梦幻泡影，被搁置在科学的历史长河里，无法登上未来的舞台。我们的眼里只有动物，就连植物系统分类学家也成了自然科学的"大熊猫"，可是留给他们的"竹笋"可以说还是太多太多了。在过去的5年里，我们已经发现了9 932种新植物。总的来说，我们已经归类了391 000种植物，任重而道远。

　　要补全《世界植物志》，我们需要多少拼图呢？结合诸多文献，根据模型进行推算，地球上的维管植物总共有36万～42万种。当然，这只是一个估计值，并不是真实调查的结果。除去所

有藻类、地衣和苔藓，剩余的维管植物约有36万种。假设生态系统被破坏不会影响我们的研究，也不会导致未知的植物过早灭绝，保持目前的统计速度，我们至少需要40年才能"清点"完成。老实说，濒危植物占比其实很低，只有不到3%的开花植物处于高危状态。热带地区未知植物的分布密度应该是最大的，但那里形势复杂，我们难以勘测。此外，我们好像对植物保护提不起兴趣。在美国，将近60%的濒危物种是植物，然而，联邦政府提供给生物多样性保护者的资金还不到支出总额的5%。

虽然条件艰苦，但植物的统计工作仍在缓慢地向前发展。过去的40年里，我们发现了不少新的植物。标本采集后5年内，我们仅对其中的16%进行了鉴定。剩下的那部分，基本都被大头针钉起来，躺在植物的标本集里了，它们苦苦等待30年，总算被我们确定了身份。我们对植物的"发现"远远不够。这项工作难度大、风险高，很少有人能像印第安纳·琼斯（Indiana Jones）那样，在丛林和沼泽之间悠哉地调查。所以，目前的形势还是合情合理的。标本集和农舍的草棚差不多，几十年间乱哄哄地堆了很多东西，都是我们在齐柏林飞艇乐队解散、贝肯鲍尔右肩缠绷带继续比赛之前收集的。我们正在以蜗牛般的速度向前行军，标本集就是"新植物发现战役"的前沿阵地。仔细地想一想，至少我们有了跨文化参考，也还算不错了。

从某种意义上来说，我们的标本集只能算半路出家的"虚拟博物馆"，发展到现在已经有些落后了。尽管如此，我们仍旧躺在"功劳簿"上。"虚拟博物馆"缺少维护，我们陷入困境，对生物多样性的认识似乎有倒退的趋势。有科学家想整理一下"农舍的草棚"，他们发现，还有大约9万种植物没有分析和归类。然而，这些植物的栖息地正在消失，我们能做什么呢？把它们全部做成标本，到头来只知道名字？

◉ **整理植物的"衣柜"**

2010年，最权威的植物物种名表问世了。这是世界各地多个植物命名组织共同努力的结果。从林奈生活的年代开始，我们就在世界的每一个角落奔波，历经好几个世纪，收集了无数的植物标本。与此同时，我们创造的拉丁语学名"堆积成山"，在各个领域中引起了巨大的"骚乱"，这简直和传说中的"巴别塔事件"相差无几。比如非洲臀果木（*Pygeum africanum*）、非洲桂樱（*Pygeum crassifolium*）和非洲李（*Prunus africana*）指代同一种可以用来治疗前列腺相关疾病的植物，这是同物异名现象。那么，我们应该怎么对待3种不同的命名？把它们当作"天生的夫妻"，还是"杰出的新发现"？在历史的长河中，总有些植物像我刚才说的那样，拥有2个、3个、4个，甚至更多的名字，其中最主要的原因之一，就是发现者的名字各不相同。把植物物种名表拿出来看一看，有一半的命名都很相似。

我们很清楚，整理衣柜有多么麻烦。然而，整理衣柜的理由有很多，比如衣服买错了，衣服过时了，尺码不合身没法再穿了。如果我们有强迫症，非把重复的款式全挑出来不可。总而言之，衣柜里有将近40万件"衣服"，所有的植物都装在里面，我们需要整理衣柜，但我们很难想象，整理这样的衣柜究竟有多难。很久以前，可食用马铃薯（*Solanum tuberosum*）在全球范围内有600多个名字，而现在只剩下3个了。好几个世纪里，我们对植物的研究都很零散，处理植物的方式也不合理，还常常带着主观色彩制作植物标本，事后不加以检查验证，这才引发了农业学、营养学、植物学和化学等领域命名混乱的现象。到头来，剩下了大量的命名简化工作正等着我们去做。马铃薯是我们特别喜爱的块茎类植物，多亏了热心的植物系统分类学家，它们才有那么多的名字。植物系统分类学家急于把安第斯山脉当地的马铃薯定性为特殊品种，然而，各个"特殊品种"根本不特殊，都是同一个品种，只是叫法不一样罢了。为了方便，植物学家把相关种子和块茎从安第斯山脉带回了自己国家，给所谓的"独特品种"进行了分类，然而，他们没有考虑气候、海拔、纬度对植物的影响。

◎ 用偶像的名字给植物命名

自从林奈用拉丁语给生物命名以后，科学家就沿用了这种方法。有传言说，流行于科学家之间的拉丁语，是给生物命名的官方语言。实际上，这种传言是假的。用拉丁语给生物命名完全是科学家从林奈那里"继承"的"坏习惯"，把西塞罗（Cicero）的语言拿到当今编码时代用，只会将我们引入陈旧的迂腐世界。就算我们不研究古典文学，也应该明白，用来区分生物"属"和"种"的语言，是曾经"操控"古罗马文字的"学究派"拉丁语（latinorum）。要是有人幸运地发现了新物种，想要流芳百世，那他一定会用这种拉丁语给植物命名，以此满足自己形式上的需求，激发所谓的"创作热情"。和曼佐尼提倡的语言不同，"学究派"拉丁语并没有用晦涩难懂的学术名词把我们拒之门外，反而用文字游戏把植物世界和我们的世界紧密地连在了一起，让我们想起最熟悉的人、物、事。至少，对刚接触这种语言的人来说，是很有亲和力的。

为了给繁琐的编目工作增添一些创作的快乐，林奈玩起了造词游戏，根据拉丁语的音节创造了植物学的合成词。在这场游戏中，为了博人眼球，我们开始引用名人的名字，造词也越来越放肆了。用自己的名字给植物命名，想用这样的方式，给后人展示自己的成果。曾经有一段时间，这个游戏激发了大家的灵感，我们争先恐后地给植物命名，借此向历史人物、著名政治家或君主致敬。比如"维多利亚女王"睡莲（*Victoria regia*）、"蒙特祖玛"针叶松（*Pinus montezumae*）、"奥巴马"地衣（*Caloplaca obamae*）、"华盛顿"属美国棕榈树（*Washingtonia*）、"富兰克林"属灌木（*Franklinia*）等。其中，"富兰克林"属灌木形似山茶花，花朵呈乳白色，叶子为铁锈红，可以当作装饰植物种在花园里。当然，有人给植物起名字纯粹是为了阿谀奉承，比如为了纪念"拿破仑"加冕称帝，有人创造了"拿破仑帝王花"（*Napoleonaea imperialis*）。

社会在发展，我们对名人和权力的看法也跟着发生了转变。我们不再过分关注过去的贵族和政客，反而把目光转向了影视明星和科幻小说里的平行宇宙。虽然我们会引用流行文化或直接采用著名歌手和演员的名字替植物的"属"和"种"命名，但命名的规则始终没有变，也就是说，命名的时候，我们既要遵循"学究派"拉丁语的作风，又要从美学、历史学或人物特征中汲取灵感，把植物和我们身边的名人联系起来。

有的植物学家钟爱多元文化，撇开主流的不要，偏要从小众文化里挑名字。为了纪念乡村歌手多莉·帕顿（Dolly Parton），有植物学家把一种地衣叫作"多莉帕顿"地衣（*Japewiella dollypartoniana*）；另外，有植物学家在厄瓜多尔的森林里发现了一种新植物，当时他们正在听绿日乐队（Green Day）的歌，所以给这种植物起名"绿日"龙胆（*Macrocarpea dies-viridis*）。老实说，除了音乐界响当当的名字，植物学家还把文学名人的名字拿来给植物取名。新植物的发现者认为，这些植物是中了哈利·波特的魔法，突然出现在森林里的。我们总有奇思妙想，

《海绵宝宝》的粉丝建议，把一种牛肝菌属（*Boletus*）植物命名为"方裤子海绵菌"（*Spongiformia squarepantsii*）。

幽默感（sense of humor）是植物学家的灵感源泉，最近，植物学家的"思想"又有了巨大的飞跃，他们开始关注"植物"这个概念本身的演变，第一次对"假植物"进行了系统化地研究，并且将其命名归类。"人造植物科"`（simulacraceae）的问世具有突破性意义，让我们见到了一个奇奇怪怪的植物科属。我们甚至有点内疚，责怪自己目光短浅，为什么没有早早关注"假植物"呢？这个科属的植物没有遗传物质，也不生产种子，在人类的"努力"下，历经很短的时间，被带到了世界各个角落。它们无处不在，很快就"驱逐"了"栖息地"内的原生植物种群和其他形式的植物。而且，它们永远不会凋零，可以在任何气候、任何环境里"生存"。在没人浇水的"干旱地区"（游戏厅、候诊室）、没有窗户所以密不透光的建筑（地铁走廊、厕所）和腐殖质贫乏的空间里（会议室、汽车），我们都能发现新兴"植物"的身影。人类活动频繁，生态系统受到影响，进化程度较低的植物已经失去了生存条件，只有人造植物科的植物能"独善其身"。

从这个角度来看，"假植物"是真植物经过长期演变，形成的更适合人类社会的新品种，完美地体现了"生物多样性"。一个只有几平方米的小地方，最多可以容纳17属、86种，共计180株"假植物"。植物学家鉴别"假植物"，按照"学究派"拉丁语的规定，对其进行了分类，目前确定下来的，已经达到了几十属。例如，花岗岩属（*Granitus*）指主要成分为岩石的人造植物，草纸属（*Papyroidia*）指那些纸质的人造植物，纺织属（*Textileria*）、塑料属（*Plasticus*）、石蜡属（*Paraffinus*）、二氧化硅属（*Silicus*）分别指以织物、塑料、蜡和玻璃为主要材料的人造植物。当然，"假植物"里也存在稀有品种，这些稀有品种十分独特，市场相对较小，比如由胶带和导管制作的呈百合状的导管黏胶百合（*Ductusadhesivia lilia*）、花瓣由彩色安全套制作的安全套非洲堇（*Prophylactica saintpaulia*）。

"假植物"能够"复制"真植物的各种特征，因此在市面上成为炙手可热的宝贝。塑料铁兰（*Plasticus tilandsia*）能够模仿附生植物，塑料紫罗兰（*Plasticus viola*）、塑料蔷薇（*Plasticus rosa*）、塑料白霜（*Plasticus spathifolium*）和塑料喜林芋（*Plasticus philodendron*）模仿并替代了原有的装饰植物，这些塑料植物寿命相当长，而且它们对光源和水源没有需求。有"专业技能"的"假植物"越来越受欢迎了。丘陵的顶峰上有一种"木本植物"，它非常善于"伪装自己"，长得和普通的大树差不多，然而，它是"一棵"电话中继器。手机信号塔树（*Celltowerabscondium*）是金属树松（*Metallicus pinus*）的变种，田径场人工草（*Athletiperennis*）是塑料草（*Plasticus pratensis*）的亚种，诸如此类的"植物"已经渗透到足球领域了。总而言之，我们得认真地给植物命名，毕竟，用"学究派"拉丁语给植物命名，是一件十分严肃的事。

植物没有国籍，是全世界的公民

　　曾经有一段时间，"康提基（Kon-Tiki）"这个词非常流行，因为大家认为这个名字非常适合比萨店、旅行社、度假村和旅馆。在我住的地方，甚至有一家舞厅就叫这个名字。从这一点可以看出，拥有"陈旧灵魂"的内陆人被托尔·海尔达尔（Thor Heyerdahl）的木筏迷住了，他们对异国情调的兴趣简直到了痴迷的程度，他们渴望冒险，渴望逃离"边缘地带"。甚至，只要提到"木筏"，他们就觉得心里宽慰了许多。按照挪威探险家的说法，印加人（Inca）或他们的先辈，偶然地占领了某些太平洋上的岛屿，创造了各种形式的贸易。1947年，为了证明自己的理论是正确的，海尔达尔踏上了旅程。他想重新演绎整个过程，证明印加人的丰功伟绩不只是假设。然而，在相当长的一段时间里，科学家认为海尔达尔的亲身演绎不能作为实证依据，虽然他成功地模拟了整个过程，但这并不意味着史前时代的人能像他一样完成壮举。因此，他的亲身演绎在当时只能证明他的推断具有可行性。海尔达尔完成冒险以后的半个多世纪，我们拥有了更先进的技术。以前的木船是用木材和麻绳制造的，利用新的技术，我们不仅可以丢掉这些落后的木船，还可以寻找"康提基"号当年可能的航线。

　　多项研究表明，早在哥伦布发现新大陆以前，就有探险家在太平洋上留下了冒险的印记。用现在的眼光往回看，探险家的"冒险"已经影响了波利尼西亚群岛上居民的饮食习惯和当地的农耕产业，此外，还影响了南美的养殖业。举个例子，哥伦布从东方抵达智利以前，已经有人把鸡从西方带到了智利。当然，最具影响力的农作物商品应该是番薯（*Ipomoea batatas*），这种植物很容易发芽，有近百个品种，形状、大小、颜色各异，在欧洲也能买到，还常常被我们种在家里的玻璃罐中。

⊙ "小拇指"遗传学

番薯煮熟以后，吃起来比普通的马铃薯更甜，所以也叫甘薯。从植物学的角度来讲，番薯和马铃薯基本没有共同特点。真要说共同特点的话，那就是两种农作物都来源于美洲。美洲地区的农民找到了合适的方法，开始种植番薯，并对其进行筛选，实现了植物的引种驯化。他们留下了块茎较大的番薯，因为他们觉得，这种番薯更好吃，营养更丰富。在墨西哥境内，当地人培育出了"卡莫特（Camote）"番薯，而在安第斯山脉附近，当地人培育出了"库马拉（Kumara）"番薯。西班牙人发现美洲大陆以后，在加勒比地区大量地培植番薯，得到了新的品种，我们把这个新品种番薯称为"巴塔塔（Batata）"。"巴塔塔"是番薯的"后裔"，被欧洲人从美洲引进，我们欧洲人已经对它再熟悉不过了。

用来驯化的野生物种往往和我们现在见到的样子有很大的不同，除了特征上的差异，植物的遗传基因也发生了变化。对相关的种群进行分析，我们可以搞清楚驯化后的物种有哪些基因被改变了。比如不同时代（史前和近代）的种植者对野生物种进行人工选择，修改了植物的DNA，那么，科学家可以通过我刚才说的办法，搞清楚植物丢失了哪部分DNA。换句话说，我们可以追踪植物身上任何人为引起的特征变化。研究足够多的样本以后，我们可以根据时间顺序，把变化了的基因重新排列，给植物做一本"族谱"。植物身上已经留下了人类的栽培痕迹，再结合遗传学的知识，我们可以像"小拇指"（经典童话《小拇指》的主人公，因家境贫穷，被父母丢弃在森林里，小拇指根据自己做的记号，找到回家的路。）那样，追寻植物被驯化的过程直到起点。

　　根据古代和当代的植物样本，我们给番薯做了"家谱"。詹姆斯·库克（James Cook）第一次出航，探索大洋洲的时候，收集了不少的番薯标本。根据这些标本，我们发现番薯的遗传基因存在差异，并以此为线索，绘制了一张"番薯地图"，用以描述番薯跟随人类四处迁徙的轨迹。相关遗传学研究表明，16世纪时，"巴塔塔"从中美洲迁移至欧洲，在17—18世纪，又被西班牙和英国的大帆船带到了印度尼西亚。而"卡莫特"是在16世纪从墨西哥被带到菲律宾的，那以后，整个亚洲都有了它的身影，最后，"卡莫特"还在波利尼西亚现身了。

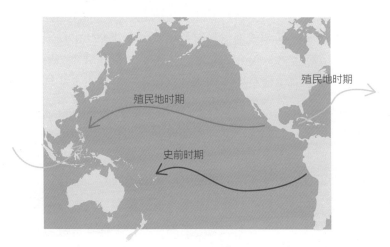

　　🡒 番薯的旅行路线

　　然而，番薯的旅行路线在太平洋群岛地区变得复杂了许多，我们从历史上搜寻的证据和番薯被带离菲律宾的实际状况是有出入的，从遗传学的角度来看，这又牵扯到另一个问题了。研究了

18世纪中叶库克采集的样本，以及其他考古发现，科学家认为，新几内亚岛和部分其他岛屿上的番薯，遗传基因里仍然有"库马拉"的影子。结合相关遗传学信息，算一算时间，我们发现该地区的番薯早在13世纪时，就已经从秘鲁海岸被带到了波利尼西亚环礁附近，这比哥伦布登陆美洲早了足足3个世纪。那么，在欧洲人来到这里以前，"库马拉"已经在当地站稳了脚跟。随后，"北方"番薯（菲律宾"卡莫特"番薯后代）和"西方"番薯（"巴塔塔"番薯最优良的子嗣，是英国人从欧洲带来的）顶替了秘鲁本土番薯的地位。同时，当地人用新品种和原有品种的番薯杂交，培育出了更好品种的番薯。

◉ 植物的民族主义

研究粮食作物和装饰植物的真正乐趣，并不在于总结各种数据，而是在于能够激发我们思考，把历史知识和研究结果融入日常生活。我们总把廉价的民族主义强加在"美洲"番薯身上，可它们和其他植物一样，都是没有国籍的。我们对待番薯时，应该像对待自己喜欢的植物一样，哪个地方的气候和土壤适宜生长，就帮助它们生长，不要管这块土地到底插着哪个国家的国旗。那些需要人工栽培才能存活的植物，应该不分国界，不管它们来自何方，哪个大陆或岛屿，我们都应当提供帮助。人类总是费尽心思把自己需要的或喜欢的植物，从地球的一个地方转移到另一个地方，并对此乐而不疲。

最后我们发现，菜园、花园和花盆里的植物，还有城市广场上的植物，都来自五湖四海，原产地甚至比我们想象中遥远得多。毕竟，番薯已经环游世界2次了。新品种番薯登陆美拉尼西亚、加勒比海和非洲的各个岛屿，当地的农民（史前或现代）都会拿它们和传统的农作物比较，总结优点。举个例子，在波利尼西亚地区，当地人经过筛选，得到了较好的番薯品种，然而，新品种番薯从欧洲到来以后，当地人很快就放弃了原来的番薯，因为新品种的收成更好。当然，这样的例子还可以帮助我们反思，我们的传统文化是否出了问题？今天的农业生物多样性是怎么来的？实际上，世界各地的传统农业，在选择农作物品种的时候，往往有很强的魄力，敢于推陈出新。甚至，有时候超出了我们的想象。波利尼西亚地区的农民，完全是按照当地人的利益，不带任何偏见，接受他乡的农作物的。而这种行为又反过来，帮助他们拥有更多更好的农作物。当然，我们目前口口声声讲的"传统品种"，可能都是接受了外来"变化"的品种，说不准，还都来自"康提基"号呢。

图书馆的种子

　　菜园、花园里的植物有很多种，书也有很多种，植物和书其实差不多。每次看到爷爷的小盒子，我就会这么想。爷爷的盒子里放了很多纸袋，是用来装种子的。老实说，种类繁多的植物和书本都是天才的杰作，是人类创造力的成果，二者都能顺应文化的潮流，满足当下的需要，符合大众的审美和品味。有的书出现在市面上，很快就大获成功，甚至成为畅销品，一路红透几十年；有的书就不太走运了，大众的口味和需求已经发生了转变，这些书卖不掉，早晚都会被忘记。同样的现象也在植物的世界里出现了，有的种子（都是用于园艺、农业、装饰的栽培植物或杂交植物）很幸运，有的种子却很倒霉。此外，有一小部分专业人士不太涉足商业，但他们对书本或种子推崇有加。在他们的号召下，书本或种子才受到大众关注，得以保存流传。至此，书本的名字响彻文学界，而种子的名字则进入"种子文化圈"。

有的书在出版社停止发行以后，我们还想再读一读，这种情况也不是没有可能。也许这本书还有库存，或者图书馆里还可以借阅。学者可以从地方性和全国性图书馆借阅书籍，世界性图书馆，比如大英图书馆和法国国家图书馆，收集并永久保存了世界上几乎所有的已经出版的资料。图书馆拯救了人类的创作，书本、杂志、报纸等文字资料不会随着稍纵即逝的商机湮灭。可能正是明白了这一点，我们才不会在这些资料从商店的书架上消失时，感到惊慌失措，才不会为"书目多样性"的丧失大喊大叫。我们心里清楚，一旦有需要，我们总能把这些资料找回来，并且大规模地印刷，重新加以利用。从"找回"到"再利用"的过程虽然繁复缓慢，但我们总是可以做到的。1992年8月22日，萨拉热窝国家图书馆被炸毁，1966年11月4日佛罗伦萨地区受自然灾害，洪水把意大利国家图书馆的书籍全部卷进了泥浆；看到这些消息的时候，我们仍然感觉震惊，我们明白，无数天才的杰作和人类创造力的成果彻底消失了。

同理，一种植物从种子市场、果蔬市场或花园里消失了，我们也会感到困扰。我们对永久性的损伤感到恐惧，因此，佛罗伦萨的"防洪天使"冲进洪水，抢救书籍；萨拉热窝的消防员不顾危险，冲进熊熊燃烧的大楼抢救图书馆的书籍。和书本不同，种子的价值不在于它们是否躺在菜农的货架上，而是在于可以顺应文化潮流、满足当下的农艺需求，利用种子培育符合现代人审美和品位的新物种。

有些非官方机构，比如"种子储户（Seed Savers）"，它和种质库一起，在保护生物多样性这方面发挥了重要作用。这一点和公共、私人图书馆有些相似。人类培育植物，种质库保存种子，植物种类繁多，种子数量巨大，有需要的人可以从种质库中提取资源。目前，种质库已经保存了近750万种植物，其中包括变种植物、栽培品种植物和亚种植物。当然，官方机构和非官方机构之间并不存在任何的冲突，"种子储户"等非官方机构虽然成本低，但取得的效果却好得出奇，而且，无论从技术层面来讲，还是从机构制度层面来讲，非官方机构在运作时，对种质库这样的官方机构丝毫没有影响。实际上，两者共存可以帮助我们好好反思：农业生物多样性消失对我们到底意味着什么？农业生物多样性消失了，并不意味着"可供我们选择的商品消失了"，而是意味着"可供专业人士和相关爱好者利用的资源消失了"。我们应该感到恐慌，因为战争，有的植物（种子）彻底从地球上消失了；因为我们的漠不关心，或者资金缺乏（每个地方都可能出现这样的情况），已经保存下来的种子遭到了破坏。除此之外，有的非官方机构完全靠"一时冲动"来保存种子，机构本身其实存在很多的问题，最后什么种子也没保存好。

花园里的变性植物

　　和许多"花园主"一样，爷爷也会邀请朋友来参观他的花园。特别是冬天的时候，工作量变少了，他经常带老朋友回家消磨时光，整个下午都在花园里谈天说地。他的一个朋友总说，植物是属于魔鬼的。并且声称，只有用"魔鬼"这类词，才能形容植物的复杂和变化无常。他认为，植物不尊重人的意志和价值观。为了支持自己的观点，他举了一个例子，公园里有一棵雄银杏树（*Ginkgo biloba*）已经有250多年的历史了，金黄色的树冠绝美无比。然而，在"树生"的某个阶段，这棵银杏树改变了性别，个别树枝上竟然出现了雌性个体才有的特征，"生产"了讨人厌的种子，散发出的难闻味道是所有园丁的噩梦。

　　爷爷的朋友认为，银杏的性别转变并没有给公园管理员造成多大的困扰，在美国的各州、各城市，管理员可以光明正大地清除"变性植物（transgender）"。很明显，清除"变性植物"的真正原因，并不是因为它们变性了，而是因为它们的种子产量太大，滑溜溜的，掉在地上以后，不仅威胁到行人的安全，还会散发令人作呕的腐肉味，并且影响城市景观。所以，更喜欢雄银杏树的我们，为了城市不得不把"变性植物"清理掉。经过长时间的深入讨论，两位老人给出了简单的解释：这棵银杏树可能原本是雌性的，不知何时嫁接了一个雄性植株，到一定的时候，雌性根系找到了压制雄性根系的方法，恢复了"母权制"，以此抵抗自然界恶劣的"大男子主义"。当然，没有明确的证据可以反驳爷爷和他朋友的推论，因此他们的推论可能是正确的，至少，这棵银杏树是这样的。

◉ 复杂的雌雄异株植物

植物总把"性别"弄得很复杂。植物的"性别形式多样性"和"性别类型多样性"已经完全超出了我们的想象，它们没有人类的心理、社会和文化上层建筑，却拥有复杂的"性别多样性"。如果在社交软件上填写个人资料一栏，植物完全可以给自己写上"复杂性别"。有时候，爷爷和他的朋友倍感失望，因为一些植物没有经过嫁接，自发地也恢复到"原始性别"了。

动物的雄体和雌体是分开的，存在"性别二态性"（当然也有例外）。但在植物王国里，性别差异就没有那么明显了。植物王国里存在雌雄异株植物（dioecious），比如银杏和白杨树。此外，还有雌雄同株植物（monoecious），雌花和雄花长在同一株植物上，彼此是分开的，比如玉米。有时候，我们还能遇见雌雄同体植物（hermaphrodite），它们最典型的特征就是花朵的雄蕊和雌蕊属于同一个结构。最令人头疼的是，有的植物既有雄性个体、雌性个体、雌雄同体个体，又有两性花个体、单性花个体等多形式个体。

我们就拿爷爷种来吃的甜瓜举例吧。有的甜瓜既开雄花，也开雌花，雄花多，雌花少，彼此分开；有的既开雄花，也开两性花，雄花多，两性花少；有的只开两性花；有的只开雌花；不过，没有只开雄花的个体。有时候，我们和植物的性别差距着实太大了，比如木瓜一共有31种不同的性别组合。

情况太复杂了，在好好解释之前，我们最好先了解一下什么是"植物变性"。植物同一个体在一年内只"生产"具有可育性的花粉，而下一年只"生产"具有可育性的子房，这种现象我们称之为"植物变性"（反之亦然）。植物的变性行为应该是没有明确周期性的，雄花和雌花在不同的时间长出。然而，有些植物的变性行为却存在特殊规律，比如有序雌雄同体植物。这种植物在每年春夏季节时，同一个体的开花间隔是固定的，因此，出现了"定时变性"现象。如果其他能够影响植物"变性"的因素也"掺和"进来，花粉就会无视"道德"，比如雌雄同体植物发生自花传粉。不过，有的植物很反对这种行为。它们表面上是雌雄同体，但花粉完全不育，也就是说，它们只是外观方面的双性，在功能方面则是完完全全的雌性。

总体而言，雌雄异体机制在动物界是普遍存在的，在植物王国里却很罕见，这也是我们最感兴趣的一点。除了银杏，很多植物都具有"摇摆性别"。所有开花植物当中，雌雄异株植物约占7%，其中，有百来种植物分布十分零散，从第一年到第二年可能出现自发性变性。这些"异类"植物的性征并不固定，可以有选择地表现出来。因此，可能出现以下情况："出生"时，植物个体是雄性的，后来却只长雌花（相反的情况也有）。此外，植物个体的性别在雌雄之间相互转换，是一个可逆的过程，有时单性个体还能变成雌雄同体。那么，把"性别"搞得很复杂的植物完全可能是双性的，在不同的环境里，它们可以展现不同的性别。

个体的性别由一组染色体决定，在一生中都是固定的。然而，在某些植物群体之间，这也仅仅是我们认为的罢了。从遗传学的角度来说，植物需要适应环境的各种限制，成为"机会主义者"。总而言之，在基因的控制下，有"复杂性别"的植物可以根据一定的环境条件表现出雄性、雌性或雌雄同体的性征，"制造"与性别相符合的生殖器官。植物变性不是罪恶，只是自然选择的结果，它们只是想更好地生存下去。然而，我们总像爷爷的朋友那样，把一些无法解释的或远超我们认知范围的事物归为"魔鬼"之列。

◉ 花儿飘飘兮如风中之羽

植物变性的意义在于寻找最恰当的"偶然"，提高繁殖和生育的概率。从生存资源和成本的角度来说，有时候雄性植物比雌性植物更具竞争力，有时候则相反。我们用三叶天南星（*Arisaema triphyllum*）来举例吧。即便是第一次见到，我们也能马上明白，它是属于"魔鬼"的。三叶天南星的花朵周围，有一个宽大的"防护罩"，上面有紫色的条纹，底部卷卷的，散发出忧郁的气息。因此，这种植物也被我们当作观赏植物。三叶天南星和所有的雌雄异株植物一样，个体只开雄花或雌花，但它们"喜怒无常"，往往可以"精确地"改变自己的性征，每年都出现变化，可以说，三叶天南星是一点儿也不安分的雌雄同体植物。把三叶天南星"连根拔起"，好好看一看，我们就能了解它们变性的过程。地下茎积累了大量的营养物质，为植物提供能量，这样植物裸露在地面上的部分才能茁壮成长。秋天结束了，地下茎积累的营养物质就"消失"了。到了春天，植物的绿色部分会重新生长，为了更好地适应新环境，植物的性征也可能出现变化。

为了更好地了解植物变性，有科学家把雌性三叶天南星的地下部分逐步去除，做了相关的实验。除去较少的地下茎，植物仍然开雄花和雌花；切除较多的地下茎，植物只开雄花；切除的地下茎要是太多，植物就不开花了。经过处理的植物在接下来的几年里，根部逐渐重新积累新的营养物质，弥补了损失的"能量"，并且按照切除实验时的相反顺序，先开雄花，接着是雄花和雌花，最后就只开雌花了。换句话说，三叶天南星可以是雄性，也可以是雌性，它们会选择合适的"性别"，争取当下季节的最佳繁殖机会。

之所以要在实验中人为控制营养物质，是为了模拟植物在自然年中遇到的"不测"（比如植物没法通过光合作用生产足够的淀粉）。我们发现，森林植物和花园植物，以及温室植物在某些方面都差不多。年景好的时候，植物蓬勃生长，到了第二年，一些雄性植株会改变性别；如果遇到什么岔子，有的雌性植物会在春天展现雄性植物的特征。大气中二氧化碳含量过高时（对植物来说，二氧化碳也是一种养分），植株向雌性转变的过程加快。我们在很多植物身上都观察到了上述现象，比如法国山靛（*Mercurialis ambigua*）。法国山靛是一种长在田野里不起眼的草本植物，它的名字已经说明了一切。植物在性别方面的"机会主义"，简直和某些经济学家提倡的理论一样。开雌花的植物个体"生命成本"较高，通过光合作用储存的能量很大一部分都被用来果实提供能量了。有的种子可能会在母体附近发芽生长，夺走土壤中的能量。因此，只有最"富裕的"个体才会表现出雌性性征。然而，植物是难以捉摸的"魔鬼"，自然界里总有很多例外，和我们的假设相违背。比如，我们发现日本红脉槭（*Acer rufinerve*）的变性倾向和刚才描述的恰好相反：能够转变为雌性的日本红脉槭往往不是最"富裕的"，而是那些生病的或即将衰老死亡的，它们需要结出果实提高繁衍后代的概率，让果实落在富含养分的土壤中。

毕竟，除了花粉和种子之外，植物都是无法移动的，它们不得不默默接受或忍受环境的"迫害"。它们不能决定环境，只能靠灵活的变性行为逆转局面，以最经济的方式适应环境。例如，当栖息地过于零散，区域之间存在巨大差异时，植物就会变性。当然，有时并不需要"天堂和地狱之差"，即便树阴出现了变化，植物也可以变性。除了一部分龙须兰属（*Catasetum*）

和天鹅兰属（*Cynoches*）植物，长在沟渠和麦田附近的木贼属（*Equisetum*）植物也会这种伎俩，它们都是很常见的变性植物，可以表现出雌雄同株或雌雄异株的性征，并且在生命的最后阶段频繁地改变性别。

刚才说的这几种植物，它们的特别之处在于能够根据光照变化调整自己的性别。把雄性个体从阴暗处转移到阳光充足的区域，接下来的几年里，它们逐渐只开雌花。在自然环境中，龙须兰属植物和木贼属植物都是自发变性的，生长在树林阴凉处的个体几乎都是雄性的，如果树木倒下，出现了空地，植物接受更多的阳光，就会变成雌性。为了更好地积累营养物质，植物的雌雄个体比例直接取决于平均日照量。从自然资源的角度来看，生长条件有利时，雌性个体的比例增加，该地区的种群数目增长。当然，我们之前说过的那一株银杏树，可能不是因为嫁接才变成雌性的，而是因为变成雌性待在花园里感觉"清闲安定"。

植物种群中，改变性别的个体比例是不尽相同的，并不会全部都变性。举几个例子，森林里的杜松在5年内只有7%～25%的个体改变了性别；三叶参（*Panax trifolium*）种群里，有超过35%的单性个体在1年内变成雌雄同体，其中一半以上的个体变性不止一次，另外，变性个体比例在4年内可以上升到83%。爷爷曾经叫我帮忙铲除杂草，滨藜属（*Atriplex*）植物就是我需要拔掉的"杂草"，它们算得上变性次数最多的植物之一了。受生存条件限制，滨藜属植物的性别往往趋向某一种，然而，一旦水分、营养、光照不足，气温过高或过低时，雌性个体会立即在下一年内开雄花。为了找到更好的"机会"，植物需要改变自己的性别。随着雄性个体数量增加，花粉抵达远方的成功率也增加了，即便雌雄个体之间相距遥远，也可能完成授粉，这有利于植物种群往更适合后代生存的海岸迁移。毕竟，滨藜属植物和人类不同，没有远距离迁徙的"原动力"。四翅滨藜（*Atriplex canescens*）种群在5年内，变性个体的比例可以达到40%，这个比例会随季节的变化而变化，如果某一年气候条件比较好，植物没有压力，那么第二年种群内雌性个体的比例就会增加。

◉ 个头很重要

植物生长速度缓慢，想要发现上述现象就需要花费很长的时间去观察。有的热带藤本植物，例如蝶瓜属（*Gurania*）和小蝶瓜属（*Psiguria*）植物（听起来很抽象，但基本上都是黄瓜的近亲），需要观察15年以上，我们才能对它们有所了解。科学家在森林中找到了雌雄异体的藤本植物，经过很长一段时间，他们才发现，这些植物在生命的头几年一直都是雄性的，大概到十来岁的时候，茎干长度超过了直径（温室中另算），也会开雌花。但是，它们的表现已经不像雌雄异株植物了，反倒更像雌雄同株植物。如果生存条件变差了，哪怕只是遇到一点不顺，这些植物都会立刻拾起往日的"雄风"。有些年龄偏大的树也会改变自己的性别，比如苏格兰有一棵十分长寿的雄性欧洲红豆杉（*Taxus baccata*），已经大概3 000岁了，它的树枝上已经长出了很好看的原本只有雌树才有的红色种子。

起初，科学家推测，植物的性征和年龄有密不可分的关系，有的植物在年轻时表现雄性性征，上了一定岁数以后，就会表现出雌性性征。到后来，科学家发现，植物的性征是与植物的个头和健康状况相关的，与年龄没什么关系。为了研究植物的"不稳定性别"，科学家克隆了一些雌性植物。这些植物都能在生长环境的变化过程中，调节自己的性别，刚开始变成雄性个体，在之后的某个时间变回雌性个体。波利尼西亚的无油樟（*Amborella trichopoda*）是我们在自然界可以观察到的最古老的开花植物之一，在无油樟上扦插的接穗，无论其原本性别如何，扎根后只开"纯种"雄花，经过2~3年的生长，其中的一部分才会开雌花。说了这么多，我们刚才谈到的变性植物个头却大都很"小"，但植物的个头确确实实很重要，有些树木也会改变性别（涉及动植物异化问题）。我们的"绿色朋友"没有中央控制系统，不能统一接受并处理来自外界的信号，但它们拥有局部反应系统，而这些系统足以影响植物本身的性征。有些雄性树木无须嫁接，就可以长出雌性树枝，比如红脉槭、大龄红豆杉（刚才我们提到的）和银杏（最开始就讲过了）。

◉ 植物是"绿色魔鬼"

如果说，改变性别对"绿色魔鬼"有利，那这种能力为什么没有普及呢？我们都明白，植物品种和性征之间好像没什么特别的联系。显然，我们没法找到其中的规律，毕竟有一些植物，从遗传学和分类学的角度来看，展现出的生长行为是完全不一样的。当然，和其他自然生长行为一样，变性也是植物"达成收支平衡"的做法，只不过，有时候会被其他行为盖过风头（比如加快生长速度、提高授粉系统效率、根据环境作出相应变化以降低繁殖成本等）。在进化的过程中，有很多植物改变性别并不是为了更好地适应环境，而是为了降低雌花的数量，"抛弃"部分果实。在这种情况下，变性过程就不能按照"年份"来算了，植物会根据情况，实时做出改变。如果我们不站在人类的角度看，而是从动物的角度出发，我们会发现，植物实时改变性别，很可能是它们自己"灵机一动"。植物性别转换现象充分地证明了植物都是特殊的群体，它们和我们相距遥远，难怪爷爷的朋友认为它们是"绿色魔鬼"。

◉ 蕨类植物的母权制

第一眼看见海金沙（*Lygodium japonicum*）的拉丁学名时，我们就会想，它可能和日本有些关系，除此之外，我们想不到别的什么了。翻一翻植物学资料，我们发现，这是一种亚洲蕨类植物，因为具有观赏价值，所以被人带到了欧洲和北美洲。它们经常从花园里"逃跑"，和当地植物竞争，成为"有害的"入侵者，被人类唾弃。和开花植物相比，蕨类植物简直算得上"原始野兽"了（当然，我不是说它们在合适的环境里，可以"放飞自我"）。蕨类植物的生殖结构不产出种子，它们产出孢子。环境湿度达到特定值以后，孢子才能生存，并且相互发生"关系"。因此，孢子更容易"攻占"周边地区，想要远征的话，就不那么现实了。

孢子在树林和湿润的沟壑里找到合适的地方以后，会建起一个小小的群落，逐步发展壮大。为此，蕨类植物（包括海金沙）需要根据群落的状况（而非周围生存资源情况）做出各种对自己有利的"决策"。那么，在决策的过程中，"母权制"对性状的调控发挥了至关重要的作用。通常情况下，蕨类植物在灌木丛里安家落户以后，可以无差别地长出雄性个体、雌性个体或雌雄同体个体，如果附近没有"同伴"，雌雄同体个体的数量会增加，植物通常会选择"自己动手，丰衣足食"，虽然有很多不利因素，但自我繁育也还是不错的。蕨类植物选择更安全的方法，扩大群落的数量，但"闭门造车"总有不好的地方，长远来看，蕨类植物的这种行为不利于基因重组，会降低种群内部的生物多样性。但如果周围有"同伴"，事情就不一样了。既然有了潜在的

"合作伙伴"，那就需要满足彼此的需求，蕨类植物会根据"策划书"，精准调控个体的性别。在变性的过程中，雌性个体掌握着绝对的主动权。

在群落中，率先长出的海金沙雌性个体会释放一种改良版的赤霉素（gibberellins）。这种激素水溶性优良，进入土壤以后，容易被新生蕨类植物个体的根系吸收。改良版的赤霉素一旦被吸收，就会"自降版本"，变回未改良版的赤霉素。保存在植物体内的未改良版赤霉素，能够"主持"大局，调控植物的各种生命活动（比如控制个体在生长早期时的性别）。

赤霉素可以"强迫"其他个体变成雄性个体，那么，在激素的作用下，第一株长出来的雌性个体可以强行把周围的雄性个体圈在自己的"后宫花园"里。虽然如此，成年个体却不受赤霉素的影响，因为植株在成长的过程中，和赤霉素发生反应的生物酶会逐渐消失。改变周围个体性别以后，雌性个体的繁殖概率大大提升。我们不禁感叹，"弱小的性别（sesso debole）"总是委屈巴巴的，连植物界也是这样。

站在花园里，抬头看烟尘

花盆是迷迭香的避难所，帮助它躲开了城市烟尘迷蒙的花花世界。这盆迷迭香是我爷爷从另外一个老头那儿弄来的，那个老头和爷爷差不多，不修边幅，有一点粗野和倔强。这个半明半暗的世界到处都是水泥、围墙和烟尘，我没怎么照顾过这盆迷迭香，但它凭借与生俱来的"暴脾气"，反抗着这个世界。今年冬天天气暖和，我在花园里匆匆地逛上一圈，看见这盆迷迭香活得很惬意。我现在已经想象到了，等春天一来，它就会绽放紫色的花瓣，参加一年一度的社交大会，殷勤地接见蜜蜂。迷迭香虽然是个暴脾气，但只要开花期到了，它每天都会拉开卷帘门，靠自己的颜色、香气、花蜜和花粉，展示自己的待客之道（即使只有一只蜜蜂光顾）。我仔细观察过，去年有一只蜜蜂每天11:00左右到花园里来，有条不紊地"宠幸"每一朵花儿，然后翩然离去，到城市的另一个角落，寻找别的"香香花园"了。

整整一个春天，我都站在窗户后面观察这只蜜蜂，我想，它到底是从哪里来的？为了赴约，它到底穿越了几条街区？圣安布罗斯（Sant'Ambrogio）是养蜂人的守护神，我家附近有一个教堂就是用他的名字命名的。我觉得，真正的"蜂箱公园"应该在城市带，尤其是那些居民住户较集中的中心地区。那么，这只蜜蜂是不远万里才找到迷迭香的，它也可能是我邻居的蜜蜂。我的邻居是城市养蜂人，我对他满怀敬意。他家的顶棚装了好几个蜂箱，蜜蜂被迫生活在满是楼房、街道和广场的环境里，这和自然栖息地（如树林、乡间小道）相差甚远，因此，我也对蜜蜂满怀敬意。这是一个烟尘弥漫的冬日，看不见虫子、花草和车水马龙的街道，四周安静得出奇，我开始琢磨起来，一只蜜蜂是怎么跋山涉水，穿越楼宇找到迷迭香的？它飞越的距离可能要用"光年"计算。那么，五颜六色的景象会给它提供指引吗？气味会帮它在迷宫里找到目标吗？好吧，明年春天的时候，在烟尘迷蒙的城市里，勇敢的蜜蜂还会来找我的迷迭香吗？

选择

走进餐馆，刚坐下没一会儿，却发现特别想吃的那几道菜已经被其他"饿鬼"吃光了。如果发生这样的事，我们肯定很抓狂。咽一下口水，我们有两个选择：起身去找别的餐馆，或者骂骂咧咧地翻开菜单，抱怨餐馆不提前告知顾客牛肚没有了（服务员跟我们讲，或者写在小黑板上，反正只要能让我们明白就行），然后点一些别的菜。坦白地说，很多植物会为传粉昆虫提供"通知服务"，在传粉昆虫饥肠辘辘之前，它们就会发出通知："菜已经卖光了。"听到这个消息，我们肯定觉得心里不平衡。冬天结束了，花儿盛开，传粉昆虫也来花园里了。我们劳作了一年，"观察力"兴许得到了提高，那么，我们就能"看见"原来"看不见的"趣事：蜜蜂（包括熊蜂属蜜蜂）精准地降落在花冠上，从这一朵飞到那一朵，看起来和迷惘的"浪荡子"完全不一样。

那么，传粉昆虫是怎么知道，哪家"饭店"没有被饥饿的同伴"扫荡"，哪家"饭店"可以喝到花蜜、吃到花粉呢？它们是如何在花丛中分辨已经"榨干的"，或者"饱满无瑕的"花朵的？对传粉昆虫来说，随便乱选会浪费很多时间和精力；对植物来说，传粉昆虫在已经受精或不能受精的花朵上停留，会降低自己的繁殖效率。为了解决这个两难的问题，获得高"访问量"，很多植物都会利用花冠传递信息，吸引传粉昆虫，"调控"它们的行动。信息并不是一成不变的，只要满足互利互惠的条件，传粉昆虫不同，植物释放的信息也不同。比如虫媒传粉植物喜欢把蜜蜂（包括熊蜂属蜜蜂）引向"年轻的"（有更强繁殖力的）或还没有授粉的花朵，减少传粉昆虫在同一朵花上的停留时间，"催促"它们飞来飞去，以便增加后代的变异概率，提高种子的产量。因此，起码有500种植物，在授粉或衰老以后，花的形状、颜色、气味和花蜜含量会发生变化。我们只要看一眼花冠，就能明白。快凋谢的花朵颜色会出现变化，这个现象和植物衰老有关。未授粉的花朵也会变化颜色，授粉则加快了颜色的变化速度。

很多充满异域风情的花都会"变色"，远东锦带花（*Weigela middendorffiana*）可以从黄色变成红色，蒂牡花属（*Tibouchina*）植物可以从白色变成淡紫色，山蚂蝗（*Desmodium setigerum*）可以从淡紫色变成白色，如果授粉不足，颜色的变化会发生逆转，山蚂蝗可以恢复成淡紫色，重新打开花冠。使君子（*Quisqualis indica*）的花有3种颜色变化，即白色、粉色、红色，在变化的过程中，花蜜产量降低，花朵香气变淡，能够表现植物的年龄，同时"选择"顾客。白色代表"飞蛾传粉"，粉色代表"蜜蜂传粉"，红色代表"蝴蝶传粉"。飞蛾传粉时，授粉频率和效率都有显著提高；蜜蜂是态度冷淡、出手小气的客人，只有"菜品降价"以后才会来。可以说，植物给每种顾客都制订了具有针对性的广告，它们为富裕的客人提供豪华套餐，为"回报率"低的客人提供便宜的简餐。当然，这些能变色的、充满异域风情的花很少出现在花园里，我们见得比较多的是角堇（*Viola cornuta*）。角堇花冠下层的3片花瓣，会根据授粉程度，呈现深浅不一的紫

人类视角　　　　昆虫视角

只需要几天时间，有些植物的花冠就可以完全改变颜色，比如从白色变为淡紫色，从黄色变为红色（颜色变化顺序有可能是相反的），以此告诉传粉昆虫，哪些花新鲜多蜜，哪些花已经被"光顾"过了

很多花园里常见的花（比如紫罗兰）都会变色

↗ 会变色的花

色，以此代表各不相同的花蜜含量。另外，有些欧洲七叶树和紫菀属植物的花朵也可以变色，它们的头状花序中央有一种管状花，会从黄色变为深红色。

植物为了满足自己的传粉需求，会用到另外一种策略，即花朵授粉以后，它们不会立刻把花冠"扔掉"。花冠的鲜艳色彩可以帮助植物在草地、森林或花园里博得眼球，吸引远处的传粉昆虫，等传粉昆虫靠近了，才发现菜品已经被吃光了。因此，对传粉昆虫最有利的选择，其实是停留在同一株植物上，寻找未授粉的花朵。

羽扇豆有五片花瓣，其中的一片上面有一个形状简单的斑点，花朵授粉以后，或者花龄超过4天时，斑点作为信号，从黄色变为紫色，在50 cm以外的距离，都能被传粉昆虫辨别。看见信号以后，传粉昆虫会接受植物的"调度"，飞往同一株植物身上，寻找新鲜的或未授粉的花朵。有时候，餐馆的老板也这么干，我刚走进去，他就跟我讲有的菜品已经卖完了。我拿着菜单，点了别的好吃的。这样一来，我高兴，老板也高兴。

◎ 香气

我们很清楚植物和传粉昆虫之间的协议内容，植物利用挥发性物质和有色物质吸引传粉昆虫，为它们提供花蜜（有时候暂停供应），而传粉昆虫帮助植物传粉授粉。花朵散发香味是为了让距离较远的传粉昆虫发现自己，让距离较近的传粉昆虫分辨哪朵花的花蜜更多，同时，花朵可以靠自己的颜色指挥昆虫着陆。简而言之，要完成授粉任务，植物和传粉昆虫都需要管控成本，提高效率，落实"劳动—花蜜"等量兑换，保持收支平衡，而"香气"是重中之重。花朵香气是由数十种物质混合而成的，其挥发性和花蜜含量有关。传粉昆虫能感知香气，看见"花蜜分布图"。蜜蜂能够把图像信息记下来，告诉自己的同伴，帮助大家找到最慷慨的花朵。传粉昆虫能像我们记住一幅画那样，记住花朵"散发"的嗅觉信号，然而，香气中的成分只要有小小的变动，传递信息的效率就会降低，传粉昆虫随之晕头转向。原来，传粉昆虫记录"图像"的方法是记住整体，忽略局部。

植物释放恒定的信号，用香气给参加障碍赛的蜜蜂当导航，帮助它们找路。虽然我们看不见，但植物释放香气的方式和烟囱或香烟"释放"不讨喜的烟气差不多，都呈螺旋状上升。传粉昆虫靠触角上灵敏的嗅觉器官感知香气，比如蜜蜂（包括熊蜂属蜜蜂）、蝴蝶和甲虫只需要捕捉6个气体分子，就能"探测"到几百米以外的花朵，如果环境状况理想（没有物理障碍物、无风、不下雨等），"探测"距离可能超过1 km。

这只蜜蜂在城市里，偶然发现了天上的气体漩涡，于是像猎犬一样，顺着小路飞到我的花园里来了。烟尘笼罩屋顶，烟灰沉积在花盆里（迷迭香逃脱了成为厨房调味品的命运）。最近这几天，烟尘太大了，已经造成了交通堵塞，很多人戴上了白白的口罩，我想，烟尘说不定也是阻碍蜜蜂飞行的障碍物之一。

有了烟尘，嗅觉信号覆盖的范围就变小了，花朵和蜜蜂还没沟通到位，信号就短路了，这给双方带来了巨大的麻烦。蜜蜂必须更加努力地工作，消耗更多的能量，飞得更久，翻越足够多的田野，才能听到花朵的召唤。受烟尘影响，蜜蜂可能会忘记原本规划好的路线，整条路线都被"窜改"的情况时有发生。对蜜蜂来说，接收到嗅觉信号（图像）意味着有好事情（花蜜）要发生，它们会邀请自己的同伴前去觅食。然而，其中的某个环节如果出现了偏差，蜜蜂疲于奔命，劳累就像债务一样重重地"压住"蜂巢。当然，对于迷迭香等植物来说，结果和繁殖的机会就降低了。

实际上，在烟尘的作用下，花朵释放的挥发性物质发生降解，这大大地阻碍了植物和传粉昆虫之间的交流（植物也没法达到自己的目的）。香气和别的味道混合在一起，传粉昆虫已经摸不着头脑了。一丝微弱的声音消失在隆隆巨响之中，仿佛和巨大的声响"融为一体"了，花的香气也是如此，没有被汽车、炉灶和锅炉的废气掩盖，而是直接消失了。要知道，化学反应并不只在封闭的实验室里才有，空中"悬浮的"、可以被传粉昆虫"闻到"的气态物质之间，也可以发生化学反应。科学家做过实验后发现，花朵香气中的常见化学成分，遇到烟尘中的氮氧化物和臭氧时，会完全分解、消失。

β-罗勒烯（β-ocimene）、冬青油烯（mircene）、β-石竹烯（β-caryophyllene）、芳樟醇（linalool）和松油烯（terpinene）等物质和数百种化合物，如苯乙醛（phenylacetaldehyde），按不同比例混合在一起，可以帮助世界上2/3的植物吸引传粉昆虫。以上物质中，有一半在接触柴油机废气以后，分子数量急剧下降，或者完全消失。为了评估花朵香气中常见成分（十几种）的功效，以及烟尘带来的影响，科学家在实验室和部分开阔地段，利用花朵（金鱼草、卷心菜）和传粉昆虫（甲虫、蜜蜂）做了相关实验，他们发现，燃烧产生的氮残留物和臭氧在几秒钟以内，降解了香气中含有的全部挥发性物质。在这种情况下，传粉昆虫根本无法辨别花朵，它们找不到花蜜，只能继续往前飞行，寻找其他的信号。最终，它们的付出远远大于收获。

◉ 香气步入"死胡同"

冬天的时候，城市里的空气弥漫着PM_{10}和$PM_{2.5}$等颗粒物（它们总能登上新闻头条），然而，到目前为止，还没有人直接测试过两种颗粒物能带来什么具体的影响。这几天，经常来花园里拜访迷迭香的蜜蜂，也躲在蜂巢里不出来了。如果一切顺利，等到明年春天，风雨如期而至，一扫冬天的"烟尘"时，它就会出来了。冬天不是开花期，颗粒物累积在大气下层，等到春天情况就不一样了，无论是蜜蜂，还是散发香气的迷迭香，都不会再受汽车、炉灶、工厂和家用暖气排放的颗粒物影响了。然而，烟尘在每个季节都会"变脸"，有时候，即便冬天已经过去了，我们却仍旧深受其扰。臭氧和氮氧化物不仅影响了我们的城市，换句话说，不仅影响了我的花园，还影响了温暖的春夏季节（恰好，春夏季节是花朵和传粉昆虫生命活动最活跃的季节）。

"光化学烟雾"是这一切的元凶。烟尘产生的氮氧化物和大气中的氧气发生反应，经过强太阳光辐射（多见于春夏季节），会导致大气中下层的臭氧含量增加。相关试验中，臭氧和氮氧化合物能够降解花朵香气，在实际生活中，情况也是如此。科学家发现，春夏季节时，无论城市还是农村，两种物质随风传播，降解了花朵散发的香气。我们来看一些数据，欧洲部分地区每立方米的臭氧峰值超过260 μg。然而，迄今为止所有的研究都表明，180 μg的臭氧就能降解香气，阻止传粉昆虫识别花朵（传粉昆虫无法区分臭氧和纯净的空气）。

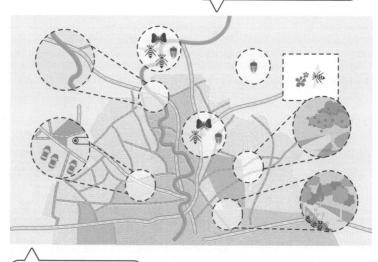

香气给远处的传粉昆虫指路，颜色帮助附近的传粉昆虫着陆

城市栖息地零散，传粉昆虫被迫长途跋涉

↗ 传粉昆虫

　　臭氧被发现已经快两个世纪了，我们不断地观测，并且用最直观的数据对其变化作出了相应的解释。科学家推测，在工业革命初期，花朵释放的信号可以完好无损地传播到1 km以外，而现在最多只能够传播3 m。香气吸引传粉昆虫的范围几乎缩小为原来的1/3。受柴油气体影响，香气的主要成分中有25%能传播到300 m以外的地方，有一些在被释放以后数秒就消失了。

　　实验中，用到的燃料虽然都是低硫绿色柴油，但科学家指出，即便是所谓的污染较少的燃料，也会对环境造成巨大的影响。另外，现在还没有谁专门研究过"蜜蜂和迷迭香之间的相互作用"，在别人眼里，这项课题也许不如"植物和某传粉昆虫之间的关系"重要，但就我而言，我站在城市花园里沉思，这项课题能给我带来一丝丝安慰。春天已经站在门外了，如果蜜蜂没有来探望我的迷迭香，那我要列一份"嫌疑犯"清单（虽然没几个名字）。说到这儿，离我没几步的那株百合，好像动了一下花冠……

致谢

　　普通的免责声明总说："本书中的人和事均为虚构，如有雷同，纯属巧合。"我想，这样的免责声明放在本书末尾，好像没什么用。书里出现了很多人物，有点像我虚构的"客人"，他们不经意之间，给我提供了灵感。因此，除了感谢我的妻子埃莱娜，以及那一株牛肝菌，我还想感谢尼古拉·沙碧鸥（Nicola Savio）、弗朗西斯科·托马斯内里（Francesco Tomasinelli）、希尔维娅·本奇维利（Silvia Bencivelli）。虽然无法亲自道谢，但我依旧要在书里感谢他们。有人要问我，那爷爷呢？让我告诉大家吧，爷爷的名字和我一样。最后，我想引用一首1947年的老歌作为结束语："我就是我爷爷（I'm my own grandpa）。"